高等农林院校数学类　物理类　化学类　力学类

基础课程教学基本要求

王　鹏　董夫才　主编

中国農業大學出版社
China Agricultural University Press
·北京·

内容简介

为更好助力新农科建设与发展，提高涉农高校理科基础课程教学质量，在新的形势下构建科学合理的理科基础课程体系、课程思政以及教材体系，中国农业大学理学院与中国农业大学出版社会同西北农林科技大学、南京农业大学、华中农业大学、甘肃农业大学、安徽农业大学等全国40余所涉农高校参与立项了中国高等教育学会2022年度高等教育科学研究规划课题——“新农科普通高等学校涉农专业理科基础课程体系、课程思政与教材建设研究”。各课程教学指导委员会认为，数学类、物理类、化学类和力学类课程教学基本要求符合基本规范，知识体系完备、逻辑性强，各学时对应教学要求与应掌握的核心知识内容准确、适当，抓住了相应学时课程教学的核心、重点和要点。

图书在版编目（CIP）数据

高等农林院校数学类　物理类　化学类　力学类基础课程教学基本要求 / 王鹏，董夫才主编. -- 北京：中国农业大学出版社，2024. 12. -- ISBN 978-7-5655-3385-3

Ⅰ. S-40

中国国家版本馆CIP数据核字第20244BG433号

书　名　高等农林院校数学类　物理类　化学类　力学类基础课程教学基本要求
Gaodeng Nonglin Yuanxiao Shuxuelei Wulilei Huaxuelei Lixuelei Jichu Kecheng Jiaoxue Jiben Yaoqiu

作　者　王　鹏　董夫才　主编

总 策 划　董夫才　宋俊果　王笃利　　**策划编辑**　魏　巍　何美文　杜　琴
责任编辑　魏　巍　何美文　杜　琴　　**封面设计**　东方视点
出版发行　中国农业大学出版社
社　　址　北京市海淀区圆明园西路2号　　**邮政编码**　100193
电　　话　发行部 010-62818525，8625　　读者服务部 010-62732336
编辑部 010-62732617，2618　　出　版　部 010-62733440
网　　址　http://www.caupress.cn　　**E-mail**　cbsszs@cau.edu.cn
经　　销　新华书店
印　　刷　涿州市星河印刷有限公司
版　　次　2024年12月第1版　2024年12月第1次印刷
规　　格　170 mm × 240 mm　16开本　8.5印张　136千字
定　　价　42.00元

编委会

主　编　王　鹏　董夫才

副主编　侯松波　何志巍　章维华　付　颖　谭佐军
　　　　　杜凤沛　胡玉才　赵有益　陈奎孚

编　者（按姓氏拼音排序）

陈奎孚（中国农业大学）

董夫才（中国农业大学出版社）

杜凤沛（中国农业大学）

段洁利（华南农业大学）

付　颖（东北农业大学）

高　阳（中国农业大学）

何志巍（中国农业大学）

侯松波（中国农业大学）

胡玉才（大连海洋大学）

黎　虹（甘肃农业大学）

吕　波（南京农业大学）

潘勤鹤（海南大学）

任建国（海南大学）

盛冬发（西南林业大学）

谭佐军（华中农业大学）

汤　骅（石河子大学）

汪　沛（北京林业大学）

王　春（河北农业大学）

王　鹏（中国农业大学）

吴　华（南京农业大学）
吴贺君（四川农业大学）
吴养会（西北农林科技大学）
许　晶（东北农业大学）
姚玉芹（中国农业大学）
俞　杰（安徽农业大学）
张军锋（海南大学）
张亮亮（中国农业大学）
章维华（南京农业大学）
赵　倩（中国农业大学）
赵有益（甘肃农业大学）

前言

2019 年习近平总书记给全国涉农高校的书记校长和专家代表回信，深刻阐明了高等农林教育在国家发展中的战略地位和重要使命，为新农科建设指明方向，强调要培养更多知农爱农、扎根乡村的高素质人才，推动农业科技创新，为国家粮食安全和乡村振兴提供有力支撑。

新农科建设立足于“四个面向”“五个面对”和“四个重大使命”，对农业领域高端人才培养提出了更高要求，强调人才需具备广阔的国际视野、担当精神以及符合时代需求的新知识结构。这不仅涉及新专业的设置，更重要的是对传统涉农专业的改造，而核心任务之一便是对原有课程体系的重构与创新。理科基础课程作为涉农专业课程体系的重要组成部分，在支撑人工智能、大数据分析、生物技术、工程技术、信息技术等现代科学技术与农业深度融合方面，发挥着不可替代的基础性作用。

2018 年印发的《普通高等学校本科专业类教学质量国家标准》尚未对新农科背景下理科基础课程的教学提出明确而具体的指标和要求。同时，《普通高等学校课程思政建设指导纲要》为高等教育落实立德树人根本任务提供了基本遵循，理科基础课程在培养学生世界观、人生观、价值观及科学思维方面具有独特优势。然而，目前涉农专业理科基础课程的课程思政教学研究仍停留在单门课程的独立性探索阶段，缺乏系统性、体系化的整体设计，教学效果亟待提升。此外，《普通高等学校教材管理办法》对教材建设提出了更高的要求，“教材思政”作为推动课程思政的重要抓手，在促进理科基础课程改革、推动教学质量提升方面具有重要意义。因此，在新农科建设背景下，理科基础课程不仅要在课程体系、教学内容、教学方法等方面进行创新，还要充分融入课程思政元素，构建具有中国特色、农业特色、时代特征的理科基础课程教学体系。

为了更有效地支持新农科教育的建设与发展，同时提升涉农高校在理科基础课程教学方面的质量，中国农业大学理学院与中国农业大学出版社联合西北农林科技大学、南京农业大学、华中农业大学、甘肃农业大学、安徽农业大学等全国超过40所涉农高校，充分发挥各校的学科优势和教学经验，深入调研当前农林类本科教育在理科基础课程教学中存在的关键问题与实际需求，围绕数学、物理、化学、力学等核心学科，科学研制《高等农林院校数学类　物理类　化学类　力学类基础课程教学基本要求》（以下简称《基本要求》）。适逢教育部高等学校大学物理课程教学指导委员会编写的2021版《农林类专业大学物理课程教学基本要求》《农林类专业大学物理实验课程教学基本要求》出版不久，且内容适合目前教学要求，项目组对其只作了少许改动，经教育部高等学校大学物理课程教学指导委员会同意，将其放在本书一并出版。

《基本要求》广泛吸收和反映了各涉农高校在教学内容、教学方法、课程思政、教材建设等方面的宝贵意见和实践经验，凝聚了专家学者的智慧与共识，力求体现新农科背景下理科基础课程的时代性、实用性和前瞻性，兼顾不同区域、不同院校的实际情况，形成了较强的农林专业理科基础课程教学特色和针对性。同时，《基本要求》紧密围绕立德树人根本任务，将课程思政有机融入教学全过程，强调理科基础课程在培养学生世界观、人生观、价值观及科学思维方法方面的重要作用，注重知识传授与价值塑造的深度融合，致力于培养知农爱农、担当有为的高素质农业领域人才。

《基本要求》得到了全国涉农高校的广泛认可和积极响应，并已在教育部相关教学指导委员会完成备案，成为指导全国涉农高校理科基础课程教学改革与创新的重要参考依据。未来，将以《基本要求》为依托，持续深化理科基础课程教学改革，推动理科基础课程与涉农专业的深度融合，为新农科背景下的农林类本科人才培养提供更加坚实的支撑和保障，为国家粮食安全、农业科技创新和乡村振兴事业贡献力量。

编　者

2024年10月

目录

CONTENTS

高等农林院校数学类

基础课程教学基本要求

一、前　言

高等农林院校数学类基础课程应包括高等数学（含微积分、解析几何初步）、线性代数和概率论与数理统计，它们都是必修的重要基础理论课。通过这些课程的学习，学生应获得一元函数微积分及其应用、多元函数微积分及其应用、常微分方程、空间解析几何、线性代数、概率论与数理统计等方面的基本知识、基本概念、基本理论、基本方法，了解它们在农林学科中的一些应用，并接受基本运算技能的训练，为今后学习相关后继课程奠定连续量、离散量和随机量的数学基础。通过数学基础课程的学习，应培养学生自主学习、综合运用所学的数学理论和方法分析与解决问题的能力。

二、课程教学基本要求

教学基本要求是高等农林院校本科生学习数学基础课程应达到的合格要求（带 * 号的内容是为某些相关专业选用的，也是对选用专业学生的合格要求）。各学校根据本校的实际情况，在达到基本要求的基础上，可以提出一些更高的或特殊的要求。

各门课程的内容按教学要求的不同，分为两个层次：基本要求中黑体字排印的内容，要求学生深入领会和掌握，并能熟练运用，其中的概念、理论用“理解”表述，运算、方法用“掌握”表述；非黑体字排印的内容，也是必不可少的，只是在教学要求上低于前者，其中的概念、理论用“了解”表述，运算、方法用“会”或“了解”表述。

基本要求中所列出的各项内容与要求是制订教学计划、教学大纲、编写教材以及确定专业培养方案的重要依据，但不涉及课程体系的框架结构、教学内容的先后安排和编写教材的章节顺序。

高等数学

1. 函数、极限、连续

（1）在中学现有函数知识的基础上，**加深对函数概念及其运算、公式的理解与掌握**，了解函数性质（奇偶性、单调性、周期性和有界性）及图形。

（2）**理解复合函数的概念，掌握反函数的概念，掌握反三角函数的概念**。

（3）**理解数列极限和函数极限的概念**（对它们的分析证明不作要求），了解极限的性质。

（4）**掌握极限的四则运算法则**，会用变量代换求某些简单的复合函数的极限。

（5）了解极限的两个存在准则：夹逼准则与单调有界准则（对它们的分析证明不作要求），会用两个重要极限 $\lim\limits_{x\to\infty}(1+\frac{1}{x})^x=\mathrm{e}$ 与 $\lim\limits_{x\to 0}\frac{\sin x}{x}=1$ 求极限。

（6）**理解无穷小、无穷大、无穷小阶的有关概念**，了解无穷大与无穷小的关系，会用等价无穷小替换求极限。

（7）**理解函数的连续性概念**，了解初等函数的连续性，**掌握函数间断点的类型**，会判别间断点的类型。

（8）**掌握闭区间上连续函数的性质**（最大值与最小值定理，有界性定理，介值定理和零点定理）。

2. 一元函数微分学及其应用

（1）**理解导数的概念及其几何意义，理解函数的可导性与连续性之间的关系**，会求平面曲线的切线和法线方程。

（2）**掌握基本初等函数的求导公式，掌握导数的四则运算法则和复合函数的求导法则**，会求隐函数和由参数方程所确定的函数的导数，了解反函数的求导法则。

（3）**理解高阶导数的概念**，会求初等函数的高阶导数。

（4）**理解微分的概念**，了解微分概念中所包含的局部线性化思想，了解微分的四则运算法则和一阶微分形式的不变性，**掌握导数与微分的关系**，会求函数的微分，了解微分在近似计算中的应用。

（5）**理解罗尔**（Rolle）**定理和拉格朗日**（Lagrange）**中值定理**，了解柯西（Cauchy）中值定理，会利用拉格朗日中值定理证明简单不等式，**掌握洛必达**（L'Hospital）**法则求极限的方法**。

（6）了解泰勒（Taylor）定理以及用多项式逼近函数的思想（对定理的分析证明以及利用泰勒定理证明相关问题不作要求）。

（7）**掌握利用导数判断函数的单调性，理解函数极值的概念和求函数极值的方法**，会求解有关最大值与最小值的应用问题。

（8）会用导数判断函数图形的凹凸性，会求函数图形的拐点，**掌握曲线渐近线的求解方法**，会描绘一些简单函数的图形（包括水平渐近线和铅直渐近线）。

3. 一元函数积分学及其应用

（1）**理解原函数与不定积分的概念**，了解不定积分的性质。

（2）**掌握不定积分的积分公式和不定积分运算法则、不定积分的换元积分法化为分部积分法**，了解几种特殊类型函数的积分。

（3）**理解定积分的概念与性质及其几何意义**，了解定积分积分中值定理。

（4）**理解变上限的积分作为其上限的函数的定义及其求导定理，掌握牛顿-莱布尼茨**（Newton-Leibniz）**公式**。

（5）**掌握定积分的换元积分法和分部积分法**。

（6）了解简单实际问题中建立定积分表达式的元素法（微元法），会用定积分求平面图形的面积、旋转体的体积。

（7）了解两类反常积分的定义，并会按定义计算一些简单的反常积分。

4. 空间解析几何

（1）**理解空间直角坐标系的有关概念**。

（2）了解曲面方程的概念，了解常用二次曲面的标准方程及其图形。

5. 多元函数微积分学及其应用

（1）**理解二元函数的概念**，了解多元函数的概念。

（2）**掌握二元函数的极限与连续性的概念**。

（3）**理解二元函数偏导数与全微分的概念**，会求偏导数。了解全微分存在的必要条件与充分条件，了解二元函数连续与偏导数之间的关系。

（4）**掌握复合函数一阶偏导数的求法**，会求复合函数的二阶偏导数（对于求由抽象函数构成的复合函数的二阶偏导数，只要求做简单训练）。

（5）会求由一个方程确定的隐函数的一阶偏导数。

（6）**理解二元函数极值与条件极值的概念**，了解二元函数极值存在的充分条件，会求二元函数的极值，会用拉格朗日乘数法求条件极值，**掌握较简单的最大值与最小值的应用问题**。

（7）**理解二重积分的概念及几何意义**，了解二重积分的性质，**掌握二重积分的计算方法（直角坐标、极坐标）**，了解广义二重积分。

（8）会用多元函数微积分知识解决一些简单的应用问题。

6. 常微分方程

（1）**理解微分方程及其阶、解、通解、初始条件和特解等一些基本概念**。

（2）**掌握变量可分离方程和一阶线性微分方程的解法，会解齐次方程**。

（3）会用降阶法求下列三种类型的高阶微分方程：$y^{(n)}=f(x), y''=f(x,y')$，$y'=f(y,y')$。

（4）* 了解二阶线性微分方程解的结构，会求解二阶常系数齐次线性微分方程，会求解一些简单的二阶常系数非齐次线性微分方程。

（5）会通过建立微分方程模型解决一些简单的应用问题。

线性代数

1. 行列式

（1）**理解全排列及其逆序数的概念并掌握其计算。**

（2）**理解 n 阶行列式的定义。**

（3）**掌握行列式的性质以及行列式按行（列）展开定理**，会用其计算行列式。

（4）**理解克莱姆法则**，会用克莱姆法则解线性方程组。

2. 矩阵及其运算

（1）**理解矩阵的概念，掌握几种特殊矩阵及性质。**

（2）**掌握矩阵加减、乘法及幂、转置及方阵的行列式、分块矩阵等运算及其运算律。**

（3）**理解逆矩阵的概念，掌握逆矩阵的性质。**

（4）**掌握矩阵初等变换**，会用初等变换法求解逆矩阵，**掌握矩阵的秩的概念及其计算。**

3. 线性方程组

（1）**掌握非齐次线性方程组有解与无解，唯一解与无穷解的判定方法。**

（2）**掌握齐次线性方程组零解与非零解的判定方法。**

（3）**掌握用初等变换求解线性方程组的方法。**

4. 向量组的线性相关性

（1）了解向量的概念，了解向量的线性运算法则。

（2）**理解向量组的线性表示、向量组线性相关与线性无关的概念，掌握向量组线性相关与线性无关的判别法。**

（3）**理解向量组的极大线性无关组与向量组的秩的概念，掌握求解向量组的极大线性无关组与向量组的秩的方法。**

（4）**理解向量组等价的概念**，了解向量空间的概念，**理解基础解系的概念，掌握线性方程组解的结构。**

（5）了解 n 维向量内积的概念，**掌握施密特（Schmidt）方法将线性无关向量组标准正交化。**

（6）**理解正交矩阵的概念及其性质。**

5. 矩阵的特征值与特征向量

（1）**理解方阵的特征值与特征向量概念，掌握方阵的特征值与特征向量的性质及求法。**

（2）了解相似矩阵的概念，了解相似矩阵的性质，**理解矩阵可相似对角化的充分必要条件。**

（3）了解实对称矩阵的性质，**掌握实对称矩阵对角化方法。**

6. 二次型

（1）了解实二次型的定义及矩阵合同的定义与性质。

（2）**掌握用正交变换法化实二次型为标准型的方法。**

（3）* 理解惯性定律，了解实二次型正定性的定义及其判别方法。

7*. 线性空间与线性变换

（1）了解线性空间的定义与性质。

（2）了解线性空间的基、维数和坐标。

（3）了解线性变换及其性质；了解线性变换的矩阵表示。

概率论与数理统计

1. 随机事件与概率

（1）了解随机现象与随机试验，了解样本空间的概念，**理解随机事件的概念，掌握随机事件之间的关系与运算**。

（2）了解随机事件频率的概念，了解概率的统计定义和古典定义，**掌握古典概率的计算**。

（3）了解概率的公理化定义，**理解概率的基本性质，掌握概率的加法公式**。

（4）**理解条件概率的概念，掌握概率的乘法公式、全概率公式和贝叶斯（Bayes）公式**，会应用它们解决较简单的问题。

（5）了解事件的独立性概念，**掌握用独立性解决较简单的概率计算问题**。

2. 随机变量及其分布

（1）**理解随机变量的概念**，了解随机变量的分布函数概念和性质，会计算与随机变量相联系的事件发生概率。

（2）**理解离散型随机变量及其分布律的概念，掌握 0–1 分布和二项式分布，了解泊松**（Poisson）分布，会用二项式分布计算相应事件的概率。

（3）**理解连续型随机变量概率密度函数的概念及其性质，掌握正态分布、均匀分布指数分布**及其应用。

（4）会求简单随机变量函数的概率分布。

3. 多维随机变量及其分布

（1）了解多维随机变量的概念，了解二维随机变量的联合分布函数的概念和性质。

（2）**理解二维离散型随机变量的分布律的概念，理解二维连续型随机变量的概率密度 *d* 的概念**。

（3）了解二维离散型和连续型随机变量边缘分布的概念，并会计算其边缘分布。

（4）了解二维离散型随机变量的条件分布律及二维连续型随机变量条件概率密度的求法。

（5）**理解随机变量的独立性概念，理解随机变量的独立性的判断**。

（6）会求两个独立随机变量简单函数的分布。

4. 随机变量的数字特征

（1）**理解随机变量数学期望与方差的概念，掌握它们的性质与计算方法**。

（2）**理解 0–1 分布、二项式分布、泊松分布、正态分布、均匀分布和指数分布，掌握它们的数学期望与方差的计算方法**。

（3）了解矩、协方差和相关系数的概念及性质，并会计算矩、协方差和相关系数。

5. 大数定律和中心极限定理

（1）了解切比雪夫（Chebyshev）不等式、切比雪夫大数定律和伯努利大数定律，了解伯努利大数定律与概率的统计定义、参数估计之间的关系。

（2）了解独立同分布情形下的中心极限定理。

（3）* 了解棣莫弗 – 拉普拉斯（De Moivre – Laplace）中心极限定理。

6. 数理统计的基本概念

（1）了解总体、个体、样本和统计量的概念。

（2）**理解样本均值、样本方差及样本矩的概念，掌握计算样本均值和样本方差的方法**。

（3）**了解 χ^2 分布，t 分布和 F 分布的定义和基本性质**，并会通过查表来计算分位数。

（4）了解正态总体分布的某些常用抽样分布。

7. 参数估计

（1）了解点估计的概念，了解矩估计法与最大似然估计法。

（2）**理解无偏性、有效性估计量的评判标准，**了解一致性（相合性）估计量的评判标准。

（3）**理解区间估计的概念，**会求单个正态总体均值与方差的置信区间。

（4）会求两个正态总体均值差与方差比的置信区间。

8. 假设检验

（1）**理解假设检验的基本思想，掌握假设检验的基本步骤**，了解假设检验可能产生的两类错误。

（2）**掌握单个正态总体均值和方差的假设检验**，了解两个正态总体均值差和方差比的假设检验。

（3）* 了解总体分布假设的 χ^2 检验法，会用该方法进行分布拟合优度检验。

三、具体实施的若干建议

（1）在课程的教学过程中，教师应按照“新农科”建设的要求，更新教学方法和手段，如利用大数据、人工智能等现代技术手段，增强数学课程的实践性和互动性，使其更贴近新农科背景下的实际需求。积极融入课程思政教学，提升学生对于数学学科与国家发展、农林科技进步之间关系的认识。注重数学与农林科学之间的交叉融合，强化数学在解决实际农林问题中的应用。结合农林科技创新的案例，培养创新思维和解决问题的能力。注重学生的综合素质教育，为未来农林领域的复合型人才培养打下基础。

（2）授课建议学时：高等数学一般不低于 80 学时，线性代数一般不低于 32 学时，概率论与数理统计一般不低于 48 学时。

（3）应保证学生有足够的课外学习时间，课内外学时比建议为 1 : 2。习题课是实现教学基本要求的一个重要环节，学时应不少于总学时的 1/6。

高等农林院校物理类

基础课程教学基本要求

大学物理

一、课程的地位、作用和任务

（1）地位　物理学是研究物质的基本结构、基本运动形式、相互作用及其转化规律的自然科学。它的研究方法和基本理论渗透于农林类学科的各个领域，是各自然学科科学研究和相应工程技术的基础。

（2）作用　物理学代表着一套获得知识、组织知识和运用知识的有效步骤和方法，是高等院校农林类各学科学生一门重要的必修课。物理学的讲授是培养学生科学素养的一个核心环节，在培养学生创新精神和辩证唯物主义的世界观方面，具有不可替代的作用。

（3）任务　通过大学物理学课程的教学，学生可以对自然界的物质结构、相互作用及其运行规律有比较全面、科学的了解，掌握现代科学的研究方法和研究范式，为进一步学习专业课程打下坚实基础。物理学教学中，应注重在传授知识的同时培养学生分析和解决问题的能力，努力实现知识、能力、素养的协调发展。

二、教学内容基本要求

农林类学科大学物理学的教学内容分为A类、B类（详见附表）和自选专题类。其中：A类为核心内容，共57条；B类为扩展内容，共31条；建议A类、B类内容相互穿插，总学时数不少于64，各校可在此基础上根据实际情况酌情增加到80学时或96学时。

①力学（A类：5条，建议学时数≥8；B类：7条，有条件要开，建议学时数≥10）。

②振动和波动（A 类：9 条，建议学时数≥8；B 类：3 条）。

③热学（A 类：10 条，建议学时数≥2；B 类：3 条）。

④电磁学（A 类：14 条，建议学时数≥20；B 类：6 条）。

⑤光学（A 类：16 条，建议学时数≥14；B 类：7 条。

⑥量子物理与核物理（A 类：3 条，建议学时数≥2；B 类：5 条）。

三、能力与素养培养基本要求

通过大学物理课程教学，应培养学生以下能力与素养：

（1）能够独立阅读相当于大学物理水平的物理类教材、参考书和文献资料，并能理解其主要内容，写出条理清晰的读书笔记、小结或论文。对于一些简单的农林类问题，能够根据实际情况，抓住主要因素，进行合理简化，建立相应的物理模型，并运用所学的研究方法和物理理论加以解决。

（2）通过课程教学，造就学生严谨求实的科学态度和坚韧不拔的科学品格，培养学生献身科学的精神，铸就学生追求真理的理想。

（3）通过了解物理学家的成长经历和物理学理论的演化进程，激发学生求知热情和创新欲望，使学生善于思考，敢于质疑，勇于探索。

四、教学过程基本要求

（1）基本原则　以立德树人为根本，将知识传授、能力培养和价值塑造有机融合，促进学生知识扩展、能力提高、素养提升；认真贯彻以学生为主体的教学思想，积极进行教学改革，有效提升课程的高阶性、创新性和挑战度，构建一个利于学生个性发展的物理课程教学体系，加强学生在教学过程中的参与度，激励学生自由探索，着重培养创新能力。

（2）教学方法　采用启发式、讨论式、开放式、课堂翻转等多种行之有效的教学方法，引导学生思考，培养学生的发散思维。习题课或讨论课是开拓学生思维，培养学生提出、分析、解决问题的重要环节。习题课或讨论课应以学生交流、讨论为主，学时数不应少于总数的10%，提倡以小班形式进行，切实提高学生学习的主动性和积极性。

（3）教学手段　提倡采用多媒体与板书相结合的课堂教学方式。充分利用演示实验促使学生观察物理现象，增加感性知识，提高学习兴趣，课程的主要内容都应有演示实验（实物演示或多媒体演示），其中实物演示实验的数目不应少于20个，各学校还应创造条件，积极推进计算机辅助教学、虚拟仿真、在线教学、线上线下混合式教学等，使现代信息技术与课程教学深度融合，改善教学效果，提高教学效率，增强课外交流。鼓励有条件的院校开展双语教学，或者在教学中增加物理名词的外文注释及说明，以提高学生查阅外文资料能力和科技交流能力。

（4）习题与考核　保证一定的习题练习，习题数量为100～200道。习题的选取应围绕教学需求强调基本训练，降低技巧性习题的要求。应精选一些既能巩固所学知识，又能培养分析和解决问题能力，且较贴近应用实际的，可激发学生学习兴趣的作业。考核以闭卷为主，积极探索体现素质教育特征的考核方式方法。

五、有关说明

（1）适用对象　本教学基本要求适用于高等农林院校开设物理学课程的农学、林学等各本科专业，是学习本课程应达到的最低要求。各院校可以根据学校人才培养目标和专业特点增加某些内容或提高某些要求。

（2）开设时间　为充分运用高等数学工具，本课程宜从高等教育一年级第二学期开始。

附表 教学内容基本要求

一、力 学

<table>
<tr><th>序号</th><th>内容</th><th>类别</th><th>说明和建议</th></tr>
<tr><td>1</td><td>质点运动的描述、相对运动</td><td>B</td><td rowspan="12">1. 重点在于牛顿运动定律和三个守恒定律及其成立条件。
2. 注意矢量运算、微积分运算在大学物理学中的应用。
3. 把力学的研究对象抽象为质点和刚体，使学生学会建立理想模型的方法。
4. 简要说明守恒定律与对称性的相互关系及其在物理学中的地位。
5. 流体力学的重点是流体动力学，着重介绍理想流体的伯努利方程，并说明它是能量守恒定律在流体力学中的应用。
6. 注重结合具体的农林类实际问题，培养学生利用基本物理学知识分析、解决问题的能力。例如，牛顿黏滞定律、斯托克斯公式：鱼苗投放位置的确定等；液体的表面性质：土壤灌溉、盐碱地治理、农药喷洒等</td></tr>
<tr><td>2</td><td>牛顿运动定律及其应用、变力作用下质点动力学问题</td><td>B</td></tr>
<tr><td>3</td><td>质点与质点系动量定理、动量守恒定理</td><td>B</td></tr>
<tr><td>4</td><td>变力的功、动能定理、保守力的功、势能、机械能守恒定理</td><td>B</td></tr>
<tr><td>5</td><td>刚体定轴转动定律、转动惯量</td><td>B</td></tr>
<tr><td>6</td><td>质点、刚体的角动量、角动量守恒定律</td><td>B</td></tr>
<tr><td>7</td><td>理想流体、定常流动、流线、流管</td><td>A</td></tr>
<tr><td>8</td><td>连续性原理、伯努利方程、伯努利方程的应用</td><td>A</td></tr>
<tr><td>9</td><td>流体的黏滞性、层流、牛顿黏滞定律、泊肃叶公式、斯托克斯公式、湍流、雷诺数</td><td>B</td></tr>
<tr><td>10</td><td>液体的表面现象、表面张力</td><td>A</td></tr>
<tr><td>11</td><td>弯曲液面的附加压强</td><td>A</td></tr>
<tr><td>12</td><td>润湿和不润湿、毛细现象、气体栓塞现象</td><td>A</td></tr>
</table>

二、振动和波动

<table>
<tr><th>序号</th><th>内容</th><th>类别</th><th>说明和建议</th></tr>
<tr><td>1</td><td>简谐振动的基本特征和表述、振动的相位、旋转矢量法</td><td>A</td><td rowspan="7">1. 简谐振动是研究一切复杂振动的基础。应强调简谐振动的特点及描述方法，并突出相位及相位差的意义。以旋转矢量法介绍物理学建立模型的巧妙之处，培养学生用数理手段描述自然现象的能力。
2. 要求学生掌握简谐振动动力学方程和线性振动叠加原理。以动力学方程的建立过程结合具体的农林类实际问题，从表面现象逐步分析探讨，找到影响现象的本质原因，进而分析问题，解决问题，培养学生处理实际问题的能力。</td></tr>
<tr><td>2</td><td>简谐运动的动力学方程</td><td>A</td></tr>
<tr><td>3</td><td>阻尼振动、受迫振动和共振</td><td>B</td></tr>
<tr><td>4</td><td>简谐振动的能量</td><td>A</td></tr>
<tr><td>5</td><td>同方向同频率两简谐振动的合成，同方向不同频率两简谐振动的合成</td><td>A</td></tr>
<tr><td>6</td><td>拍现象</td><td>B</td></tr>
<tr><td>7</td><td>振动方向相互垂直、同频率两简谐振动的合成，振动方向相互垂直、不同频率两简谐振动的合成</td><td>A</td></tr>
</table>

续表

序号	内容	类别	说明和建议
8	机械波的形成：平面简谐波波函数	A	3. 阐明平面简谐波波函数的物理意义以及波是能量传播的一种重要形式，强调相位和相位差在波的干涉中的作用。列举具体农林类（食品加工、作物干燥、遥感分析等）相关技术，利用化繁为简的思想，列举傅里叶分析在处理复杂波动方面的巧妙做法，使学生体验科学的力量。 4. 教学中可充分应用演示实验和多媒体等手段展示旋转矢量法、阻尼振动、受迫振动、共振、振动的合成、李萨如图形、驻波等内容。驻波、共振等物理原理在农林类生产实践（种粒筛选、精细控制等）中有大量应用，可适当举例。 5. 波动是自然界极为普遍的运动形式，讲述机械波要为讨论电磁波、光波以及物质波的概念埋下伏笔
9	波的能量能流密度	A	
10	惠更斯原理、波的干涉	A	
11	驻波、驻波的波函数、半波损失	A	
12	声波、超声波和次声波、声强级、听觉阙	B	

三、热 学

序号	内容	类别	说明和建议
1	热量、内能、做功、热力学第一定律	A	1. 温度是热学的重要概念，明确温度的统计意义，并讲述为其提供实验基础的热力学第零定律。 2. 热力学第一定律是基础，要熟练热力学第一定律对于理想气体的应用。 3. 要强调热力学第二定律的重要性，使学生体会到熵和熵增加原理是自然界最为普遍实用的定律之一。 4. 应当强调大量粒子组成的系统的统计研究方法和统计规律，以及热现象研究中宏观量与微观量之间的区别与联系。 5. 通过理想气体的压强和气体分子平均自由程等公式的建立讲授科学研究的建模方法。
2	准静态过程：等体、等压、等温和绝热过程	A	
3	循环过程和卡诺循环、热机效率、制冷系数	A	
4	可逆过程、不可逆过程、热力学第二定律的两种表述、卡诺定理	A	
5	熵、熵增加原理、熵的微观本质和统计学意义、玻耳兹曼关系式	A	
6	耗散结构、生命系统的负熵	B	
7	平衡态、状态参量与理想气体物态方程	A	
8	理想气体的压强和温度	A	
9	理想气体的内能、能量均分定理	A	

续表

序号	内容	类别	说明和建议
10	麦克斯韦速率分布律、三种统计速率	A	6. 热学与农业和林业联系紧密，学时允许时要尽可能地多介绍一些扩展内容，例如，利用温度传感器控制温室、大棚及动物饲养场所的温度，提高动植物的生长效率；通过优化冷藏设备和冷却介质的热力学性质，可以实现对农产品温湿度的控制和调节，延长农产品的保鲜期
11	玻耳兹曼统计与玻耳兹曼分布	B	
12	气体分子的平均碰撞频率、平均自由程	A	
13	气体内的输运过程	B	

四、电磁学

序号	内容	类别	说明和建议
1	电场、电力线、电场强度、场强叠加原理	A	1. 重点在于通过库仑定律、高斯定理和安培环路定理、毕奥－萨伐尔定律、法拉第电磁感应定律等，学习电磁场的概念以及场的研究方法。 2. 突出以点电荷的电场和电流元的磁场为基础的叠加法。强调电场强度、电场力、磁感应强度、磁场力的矢量性。帮助学生学习对称性分析、近似计算、渐近行为的考查、微积分的应用等，从而使学生分析问题、解决问题的能力得到加强。 3. 重点讲述法拉第电磁感应定律以及麦克斯韦关于涡旋电场和位移电流的基本假设，并阐明麦克斯韦方程组的物理思想，帮助学生建立起统一电磁场的概念以及认识电磁场的物质性、相对性和统一性。可举例电磁学在农业生产中的应用，如防治病虫害和育种等
2	电势、电势叠加原理、等势面、电场强度和电势梯度的关系	A	
3	导体的静电平衡	B	
4	静电场的高斯定理和环路定理	A	
5	电容和简单电容器容量的计算	B	
6	电介质的极化及其描述、电位移矢量、介质中的高斯定理	A	
7	非静电力、电源电动势	A	
8	电流强度、电流密度、欧姆定律的微分形式	B	
9	磁感应强度、磁通量、毕奥－萨伐尔定律、磁场叠加原理	A	
10	稳恒磁场的高斯定理、安培环路定理	A	
11	运动电荷的磁场、洛伦兹力	A	
12	磁介质中的磁场、顺磁质、抗磁质、铁磁质、有磁介质时的安培环路定理、磁场强度	B	
13	霍尔效应	A	
14	法拉第电磁感应定律	A	
15	动生电动势和感生电动势、涡旋电场	A	
16	自感、互感、电场和磁场的能量、电能密度和磁能密度	A	
17	位移电流和全电流定律	A	
18	麦克斯韦方程组的积分形式	A	
19	麦克斯韦方程组的微分形式	B	
20	电磁波的辐射、电磁波谱	B	

五、光 学

序号	内容	类别	说明和建议
1	光的相干性、相干条件、光程、光程差	A	1. 重点讲述光的干涉和衍射，使学生掌握判断波的基本特征的方法。 2. 分波阵面干涉主要介绍杨氏双缝干涉，劳埃德镜干涉可突出相位突变的实验验证。 3. 分振幅干涉主要介绍等厚干涉及其应用。 4. 通过干涉和衍射的学习，以及一些光学器件在现代农林技术中的应用，使学生理解光栅光谱的特征，以及光谱分析的意义。了解光学精密测量的物理原理和方法。 5. 主要介绍偏振光与自然光的概念，偏振光的获得与检测，适当介绍偏振光的应用。 6. 光学也是演示手段较为丰富的一部分，可充分运用多媒体手段展示干涉和衍射条纹的分布规律及其变化、单缝衍射对光栅衍射的调制作用及缺级现象、偏振光的获得等内容，帮助学生对光学基本理论的理解。 7. 讲授光学在农业生产中的应用价值，例如，在温室种植中，调节光的强度和时间可以影响作物的生长周期。 8. 讲授光学在农业机械设计和制造中的应用，比如农业传感器在农业机械自动化中的应用
2	光的空间相干性和时间相干性	B	
3	分波阵面干涉、杨氏双缝干涉、洛埃镜、半波损失	A	
4	分振幅干涉、等倾干涉、等厚干涉	A	
5	迈克耳逊干涉仪	B	
6	惠更斯－菲涅耳原理	A	
7	夫琅禾费单缝衍射、半波带法	A	
8	衍射光栅	A	
9	X 射线晶体衍射	B	
10	爱里斑半角公式、光学仪器的分辨本领	A	
11	光的偏振性、自然光、部分偏振光、偏振光	A	
12	反射产生偏振光、布儒斯特定律	A	
13	马吕斯定律	A	
14	光的双折射、尼科耳棱镜	B	
15	圆和椭圆偏振光、波片	A	
16	旋光现象	B	
17	光的相互作用、吸收、散射、色散	B	
18	光度学能量标准、辐射通量、辐射强度辐射亮度、辐照度	A	
19	光度学视觉标准、视见函数、光通量、发光强度、光亮度、光照度	A	
20	光能的测量、光度计、照度计、辐射计、光量子照度计	A	
21	彩色的特性、明度、色调、饱和度、加色原理、减色原理、色度图	A	

续表

序号	内容	类别	说明和建议
22	颜色的宽容星、黑体辐射色温、色光混合	A	
23	视觉暂留、眼睛结构、锥状细胞、柱状细胞	B	

六、量子物理与核物理

序号	内容	类别	说明和建议
1	黑体辐射、普朗克量子假说	B	1. 讲授光的波粒二象性的历史演进，重点论述量子概念的产生，给出量子力学创立和发展的过程，给学生以创新思维和探索精神的启迪。例如，设施农业学科可以引导学生利用黑体辐射理论建立温室大棚的物理模型，进而分析智能温室的温度控制。 2. 光电效应是农林类各学科相应传感器的设计基础，可以引入实例，使学生加深理解理论与实际的密切联系。理解微观物质的描述方式和波函数的统计意义，并通过一维无限深势阱的量子力学描述，帮助学生理解波函数和薛定谔方程是量子状态描述的手段。农林学科中的前沿理论研究大部分处于分子水平，可以引导学生探讨基于第一性原理的原子级别的研究。 3. 以氢原子为蓝本，介绍研究微观物质的基本方法，帮助学生建立物质微观结构、运动规律的基本物理图像。光谱学的研究手段大量应用于农林类各学科，以具体学科应用情况引入实际案例，引起各学科专业学生对基础理论的重视。 4. 重点讲述核物理基础及放射性，探讨放射性在农林类各学科中应用的可能性，引导学生从基础理论出发，进行原创技术的探索
2	光电效应、康普顿效应	B	
3	实物粒子的波动性、不确定关系	B	
4	薛定谔方程、一维势阱、隧道效应	B	
5	氢原子光谱、电子轨道角动量、电子自旋旋、泡利不相容原理、原子的壳层结构	B	
6	原子核的组成、天然放射性	A	
7	核反应方程、核能、重核裂变、轻核聚变	A	
8	放射性同位素及其应用	A	

七、农林科学及其工程技术的物理基础专题（自选专题）

说明：

（1）各部分的内容分为 A、B 两类，其中 A 类共有 57 个知识点，B 类共有 31 个知识点。A 类构成课程教学内容的基本框架，是核心内容；B 类是扩展内容，是前者的补充。各学校除了保证基本知识结构的完整性以外，在知识的宽度和深度上不应仅满足于讲述基本内容，而应根据学时和授课对象的专业尽可能多地讲授扩展内容，必要时还应开启自选专题，介绍科技前沿的相关内容；学时偏少时，应确保讲授完基本知识点，同时降低数学应用的难度，弱化数学推演，优先保证知识结构完整性。

（2）本教学基本要求不涉及教学内容的先后安排和教材编写的章节顺序，在实施教学过程中，应注意各部分内容之间的相互联系和有机衔接。

大学物理实验

物理学是研究物质的基本结构、基本运动形式、相互作用及其转化规律的自然科学。它的基本理论渗透在自然科学的各个领域，是其他自然科学和工程技术的基础。

在人类追求真理、探索未知世界的过程中，物理学展现了一系列科学的世界观和方法论，深刻影响着人类对物质世界的基本认识、人类的思维方式和社会生活，是人类文明的基石，在人才的科学素质培养中具有重要的地位。

物理学本质上是一门实验科学。物理实验是科学实验的先驱，体现了大多数科学实验的共性，在实验思想、实验方法以及实验手段等方面是各学科科学实验的基础。

一、课程的地位、作用和任务

物理实验课是高等农林院校对农林类专业学生进行科学实验基本训练的必修基础课程，是本科生接受系统实验方法和实验技能训练的开端。

物理实验课覆盖面广，具有丰富的实验思想、方法、手段，同时能为学生提供综合性很强的基本实验技能训练，是培养学生科学实验能力和提高科学素质的重要基础。它在培养学生严谨的治学态度、活跃的创新意识、理论联系实际能力和适应科技发展的综合应用能力等方面具有其他实践类课程不可替代的作用。

本课程的具体任务是：

（1）培养学生的基本科学实验技能，提高学生的科学实验基本素质，使学生初步掌握实验科学的思想和方法。培养学生的科学思维和创新意识，使学生掌握实验研究的基本方法，提高学生的分析问题能力和创新思维。

（2）提高学生的科学素养，培养学生理论联系实际和实事求是的科学作风、认真严谨的科学态度、积极主动的探索精神、遵守纪律、团结协作、爱护公共财产的优良品德。

二、教学内容基本要求

大学物理实验应包括普通物理实验（力学、热学、电磁学、光学实验）和近代物理实验，具体的教学内容基本要求如下：

1. 掌握测量误差的基本知识，具有正确处理实验数据的基本能力。

（1）掌握测量误差与不确定度的基本概念，能逐步学会用不确定度对直接测量和间接测量的结果进行评估。

（2）掌握处理实验数据的一些常用方法，包括列表法、作图法和最小二乘法等。随着计算机及其应用技术的普及，应掌握用计算机通用软件处理实验数据的基本方法。

2. 掌握基本物理量的测量方法。

例如，长度、质量、时间、热量、温度、湿度、压强、压力、电流、电压、电阻、磁感应强度、发光强度、折射率、电子电荷、普朗克常量、里德伯常量等常用物理量及物性参数的测量。注意加强数字化测量技术和计算技术在物理实验教学中的应用。

3. 了解常用的物理实验方法，并逐步学会使用。

例如，比较法、转换法、放大法、模拟法、补偿法、平衡法和干涉、衍射法，以及在近代科学研究和工程技术中被广泛应用的其他方法。

4. 掌握实验室常用仪器的性能，并能够正确使用。

例如，长度测量仪器、计时仪器、测温仪器、变阻器、电表、交/直流电桥、通用示波器、低频信号发生器、旋光计、分光仪、光谱仪、常用电源和光源等仪器的使用方法。

各学校应根据自身实验室条件，在物理实验课中逐步引进在当代科学研究与工程技术中被广泛应用的现代物理技术，例如，激光技术、传感器技术、微弱信号检测技术、光电子技术、结构分析波谱技术等。

5. 掌握常用的实验操作技术。

例如，零位调整、水平/铅直调整、光路的共轴调整、消视差调整、逐次逼近调整、根据给定的电路图正确接线、简单的电路故障检查与排除，以及在近代科学研究与工程技术中被广泛应用的仪器的正确调节。

6. 适当介绍物理实验史和物理实验在现代科学技术中的实际应用。

三、能力培养基本要求

（1）独立实验的能力　能够通过阅读实验教材，查询有关资料和思考问题，掌握实验原理及方法，做好实验前的准备；正确使用仪器及辅助设备，独立完成实验内容，撰写合格的实验报告；培养学生独立实验的能力，逐步形成自主实验的基本能力。

（2）分析与研究的能力　能够融合实验原理、设计思想、实验方法及相关的理论知识对实验结果进行分析、判断、归纳与综合。掌握通过实验进行物理现象和物理规律研究的基本方法，具有初步分析与研究的能力。

（3）理论联系实际的能力　能够在实验中发现问题、分析问题并学习解决问题的科学方法，逐步提高学生综合运用所学知识和技能解决实际问题的能力。

（4）创新能力　能够完成符合规范要求的设计性、综合性内容的实验，进行初步的具有研究性或创意性内容的实验，激发学生的学习主动性，逐步培养学生的创新能力。

四、分层次教学基本要求

上述教学要求应通过开设一定数量的基础性实验、综合性实验、设计性或研究性实验来实现。这三类实验教学层次的学时比例建议分别为：60%、30%、10%（各学校可根据本校的特点和需要，作适当调整。建议综合性实验、设计性或研究性实验的学时比例应不低于30%，并含有一定比例的近代物理实验）。

（1）基础性实验　主要学习基本物理量的测量、基本实验仪器的使用、基本实验技能和基本测量方法、误差与不确定度及数据处理的理论与方法等，可涉及力学、热学、电磁学、光学、近代物理等各个领域的内容。此类实验为适应各专业的普及性实验。

（2）综合性实验　指在同一个实验中涉及力学、热学、电磁学、光学、近代物理等多个知识领域，综合应用多种方法和技术的实验。此类实验的目的是巩固学生在基础性实验阶段的学习成果、开阔学生的眼界和思路，提高学生对实验方法和实验技术的综合运用能力。各学校应根据本校的实际情况设置该部分实验内容（综合的程度、综合的范围、实验仪器、教学要求等）。

（3）设计性实验　根据给定的实验题目、要求和实验条件，由学生自己设计方案并基本独立完成全过程的实验。各学校也应根据本校的实际情况设置该部分实验内容（实验选题、教学要求、实验条件、独立的程度等）。

（4）研究性实验　组织若干个围绕基础物理实验的课题，由学生以个体或团队的形式，以科研方式进行的实验。

设计性或研究性实验是教学理念、教学方法的体现，由单个或系列基础性实验、综合性实验拓展构成。设计性或研究性实验的目的是使学生了解科学实验的全过程、逐步掌握科学思想和科学方法，培养学生独立实验的能力和运用所学知识解决给定问题的能力。各学校可根据本校的实际情况设置该类型的实验内容。

五、教学模式、教学方法和实验学时的基本要求

（1）以立德树人为根本，将价值塑造、知识传授和能力培养有机融合，促进学生的知识、能力、素质协调发展；各学校应积极创造条件，开放物理实验，在教学时间、空间和内容上给学生较大的选择自由，有效提升课程的高阶性、创新性和挑战度。为一些实验基础较为薄弱的学生开设预备性实验，以保证实验课教学质量；为学有余力的学生开设提高性实验，提供延伸课内实验内容的条件，尽可能开设不同层次的开放性实验内容，以满足各层次学生求知的需要，适应学生的个性发展。

（2）创造条件，充分利用包括网络技术、多媒体教学软件、虚拟仿真实验等现代信息技术丰富教学资源，拓宽教学的时间和空间。提供学生自主学习的平台和师生交流的平台，加强现代化教学信息管理，以满足学生个性化教育和全面提高学生科学实验素质的需要。

（3）考核是实验教学中的重要环节，应该强化学生实验能力和实践技能的考核，鼓励建立能够反映学生科学实验能力的多样化的考核方式。

（4）物理实验课程不少于 32 学时。

（5）基础性实验分组实验以每组 1 ～ 2 人为宜。

六、有关说明

（1）本基本要求除适用于各类高等学校的农林类专业本科大学物理实验教学，同样适用于工科专业。

（2）建议有条件的学校在必修实验课程之外开设 1 ～ 2 门物理实验选修课，其内容以近代物理、综合性、应用性实验为主，知识面可以宽一些，技术手段应先进一些，以满足各层次学生的需要。各学校应积极创造条件，开辟学生创新实践的第二课堂，进一步加强对学生创新意识和创新能力的培养，鼓励和支持拔尖学生脱颖而出。积极开展物理实验课程的教学改革研究，在教学内容、课程体系、教学方法、教学手段等方面进行新的探索和尝试，并将成功的经验应用于教学实践中。

高等农林院校化学类

基础课程教学基本要求

有机化学

一、课程的地位、作用和任务

（1）地位　有机化学是研究有机化合物组成、结构、合成、性质、制备方法与应用的学科，是农林类相关专业的一门重要基础课。

（2）作用　有机化学的基本知识是农学、林学、园艺、植物保护、环境科学、食品科学、生物类专业学生学习后续专业课程的必备基础。有机化学是理论和生产实际结合密切、应用性很强的课程，在应用型人才的整体知识结构及能力结构培养中处于十分重要的地位，同时它与人们的日常生活、工农业生产和国防建设等都有着密切的关系。

（3）任务　通过有机化学课程的教学，使学生掌握有机化合物的命名和分类，掌握主要类型有机化合物的结构、物理性质和主要的化学反应及其应用，了解有机化合物的结构及分子中原子间的相互影响，了解典型的有机反应历程以及反应环境条件的影响和作用；能够选择简单有机化合物的合成路线和方法；能够运用官能团的性质提出简单有机化合物的鉴别方法；能够根据实验事实，运用所学知识，推导简单有机化合物的结构。在传授知识的同时，培养学生分析问题、解决问题的能力，实现知识、能力、素养协调发展。

二、教学内容基本要求

农林类学科有机化学的教学内容分为 A、B 两类。其中：A 为核心内容，共 91 条；B 为扩展内容，共 53 条。建议至少匹配 48 学时，各校可根据专业实际情况酌情增加学时。

三、能力与素质培养基本要求

通过有机化学课程的学习，培养学生以下能力与素质：

① 能够构建有机化学理论知识框架，具备较强的归纳、整理和自主学习能力。

② 具有提出、分析和解决有机化学相关实际问题的能力。

③ 能够运用所学理论知识，进行有机物的分析、应用与合成。

④ 通过引入前沿科学，增加教学深度与广度，激发学生的求知欲和科研兴趣，使学生善于思考，具有一定的创新意识和创新能力。

⑤ 能够树立正确的人生观、价值观，端正生活态度，在生活、学习和工作中正确运用有机化学知识。

⑥ 养成主动参与、积极进取、崇尚科学、探究科学的学习态度和思想意识。

⑦ 养成理论联系实际、严谨认真、实事求是的科学态度，培养学生追求真理和献身科学的精神，树立辩证唯物主义世界观。

⑧ 形成正确的逻辑思维方式，具备创新精神。

四、教学过程基本要求

（1）基本原则　以立德树人为根本，将价值塑造、知识传授和能力培养有机融合，促进学生知识、能力、素质协调发展；认真贯彻以学生为主体、教师为主导的教学思想，积极进行教学改革，有效提升课程的高阶性、创新性和挑战性，努力构建一个有利于学生个性发展和创造能力培养的有机化学课程教学体系；加强学生在课程教学过程中的参与度，鼓励学生自学。

（2）教学方法　采用启发式、讨论式、开放式、MOOC（慕课）和翻转课堂等多种教学方法，引导学生深入思考，强化发散思维训练。

（3）教学手段　采用多媒体与板书相结合的课堂教学方法。课堂教学与实验教学相结合，增加感性知识，激发学生的学习兴趣。推进线下教学与线上教学相结合，增强教学效果。

（4）双语教学　鼓励有条件的院校开展双语教学，在教学中增加化学名词的外文注释及说明，以提升学生查阅外文资料的能力和专业外语交流能力。

（5）习题与考核　保证课上与课下有一定的习题数量，习题的选取符合教学要求的基本习题训练，降低技巧性习题的要求，精选出既能培养学生分析和解决问题能力、巩固所学知识，又贴近实际应用、可激发学习兴趣的习题。考核方式以闭卷考试为主，同时探索体现素质教育特征的考核方式，可参考国外小课堂形式，增加考核次数。

五、有关说明

（1）适用对象　本教学基本要求适用于一般农林院校开设有机化学课程的农学、生物学、食品科学等各本科专业，是学生学习本课程的基本要求。各院校可以根据学校人才培养目标与专业特点，适当增加教学内容或提高培养要求。

（2）开设时间　本课程宜从一年级第二学期开设。

附表　　教学内容基本要求

一、有机化合物的结构

<table>
<tr><th>序号</th><th>内容</th><th>类别</th><th>说明和建议</th></tr>
<tr><td>1</td><td>共价键</td><td>A</td><td rowspan="8">1. 熟悉并能熟练运用杂化理论、酸碱理论。
2. 熟悉各种同分异构现象。
3. 熟悉纽曼投影式、Fischer 投影式和透视式。
4. 掌握含手性碳、无手性碳化合物的对映异构。
5. 熟悉旋光异构的基本概念：偏振光、旋光度、比旋光度、手性分子、对称因素、手性碳原子、对映异构体、外消旋体、内消旋体。
6. 了解典型或新型农业化学品的结构</td></tr>
<tr><td>2</td><td>杂化理论</td><td>A</td></tr>
<tr><td>3</td><td>酸碱理论：质子理论、Lewis 电子理论</td><td>A</td></tr>
<tr><td>4</td><td>构造异构（碳链异构、官能团异构、官能团位置异构、酮式烯醇式互变异构）</td><td>A</td></tr>
<tr><td>5</td><td>构象异构</td><td>A</td></tr>
<tr><td>6</td><td>顺反异构</td><td>A</td></tr>
<tr><td>7</td><td>旋光异构</td><td>A</td></tr>
<tr><td>8</td><td>纽曼投影式、Fischer 投影式和透视式</td><td>B</td></tr>
</table>

二、有机化合物的命名

序号	内容	类别	说明和建议
1	普通命名法	A	1. 掌握各类有机化合物的命名方法。 2. 掌握构型异构体的构型标记方法。 3. 了解典型农业化学品分子的普通命名与系统命名
2	系统命名法	A	
3	次序规则	A	
4	烃的命名（开链烃、脂环烃、芳烃）	A	
5	烃的衍生物的命名（卤代烃、醇酚醚、醛酮、羧酸及其衍生物、胺、杂环化合物）	A	
6	烃的衍生物的命名（脂类、糖类、氨基酸、多肽）	B	
7	构型的标记（*Z*/*E*、顺/反、*D*/*L*、*R*/*S*标记法）	A	
8	桥环、螺环化合物的命名	B	

三、有机化学基本理论及反应机理

序号	内容	类别	说明和建议
1	诱导效应	A	1. 了解诱导效应、共轭效应、超共轭效应，能运用其解释相关反应机理。 2. 熟悉常见有机化学反应机理
2	共轭效应	A	
3	超共轭效应	B	
4	立体效应	B	
5	亲电加成反应机理	A	
6	亲电取代反应机理	A	
7	亲核取代反应机理	A	
8	亲核加成反应机理	A	
9	消除反应机理	A	
10	自由基取代和加成反应机理	B	

四、烷烃、环烷烃

序号	内容	类别	说明和建议
1	烷烃的卤代反应	A	1. 熟悉烷烃的物理性质，了解取代反应及游离基反应历程的概念。 2. 熟悉环己烷的构象。 3. 了解三元、四元、五元环脂环烃的化学性质。 4. 了解烷烃在农业生产中的应用
2	烷烃的氧化反应和裂化反应	B	
3	自由基稳定性	A	
4	环烷烃的化学性质	A	
5	环烷烃的构象	A	

五、烯烃、炔烃和二烯烃

序号	内容	类别	说明和建议
1	催化加氢反应	A	1. 熟悉烯烃、炔烃和二烯烃的物理性质和化学性质。 2. 能从碳正离子的稳定性角度说明亲电加成反应的取向问题。 3. 了解烯烃的（农业）生物活性及在农业生产中的重要作用
2	亲电加成反应	A	
3	碳正离子稳定性与马氏规则	A	
4	自由基加成反应（过氧化物效应）	A	
5	氧化反应	A	
6	α- 氢原子的卤代	A	
7	聚合反应	B	
8	金属炔化物的生成	A	
9	1, 2- 加成和 1, 4- 加成	A	
10	Diels- Alder 反应	A	

六、芳香烃

序号	内容	类别	说明和建议
1	苯的凯库勒式及现代解释	A	1. 掌握芳烃的亲电取代反应。 2. 掌握苯环上取代反应的定位规律。 3. 熟悉休克尔规则。 4. 熟悉芳香结构和芳香性的概念。 5. 了解芳香烃的（农业）生物活性及在农业生产中的应用
2	亲电取代反应（卤代、硝化、磺化及傅氏烃基化和傅氏酰基化反应）	A	
3	氧化反应	A	
4	芳烃侧链的反应	A	
5	苯环上取代反应的定位规律及其解释	A	
6	萘的亲电取代反应	A	
7	休克尔规则、非苯芳烃	A	

七、卤代烃

序号	内容	类别	说明和建议
1	卤代烃的亲核取代反应	A	1. 熟练掌握卤代烃的亲核取代反应和消除反应。 2. 熟悉饱和碳原子上的亲核取代反应历程（S_N1 和 S_N2），以及影响亲核取代反应历程的因素。 3. 熟悉消除反应历程（E1 和 E2）及札依采夫规律。 4. 熟悉双键位置对卤素活泼性的影响，能对不同卤代烃化学活性进行比较。 5. 熟悉格氏反应。 6. 了解卤代烃在农业生产中的应用
2	消除反应	A	
3	氧化反应	A	
4	卤代烃与金属的反应	B	
5	卤代烯烃、卤代芳烃的亲核取代反应	A	

八、醇、酚、醚

序号	内容	类别	说明和建议
1	醇与金属反应	A	1. 熟悉醇、酚、醚的化学性质。 2. 熟悉伯醇、仲醇、叔醇的鉴别。 3. 熟悉酚的鉴别。 4. 了解可降解聚醚类高分子薄膜在环保型农业生产中的应用。 5. 了解苯酚类化合物的生物活性作用机制。 6. 了解醇、酚、醚在农业生产中的应用
2	醇与 HX 反应	A	
3	醇的脱水反应	A	
4	醇的酯化反应	A	
5	醇的氧化和脱氢	A	
6	醚的过氧化物的生成	B	
7	醚与强酸成盐	B	
8	醚键的断裂及其反应历程	A	
9	环醚的化学性质	B	
10	酚的酸性	A	
11	酚的亲电取代反应	A	
12	酚与 $FeCl_3$ 显色	A	
13	酚的氧化	B	

九、醛、酮、醌

序号	内容	类别	说明和建议
1	羰基的亲核加成反应（加氢氰酸、亚硫酸氢钠、水，与醇生成半缩醛和缩醛的反应，与格氏试剂加成）	A	1. 熟练掌握羰基的亲核加成反应。 2. 掌握醛、酮的化学性质。 3. 熟悉不同结构醛、酮的鉴别方法。 4. 了解醛、酮的化学反应在分析、鉴定、合成及生物化学反应中的应用。 5. 了解醛、酮、醌类化合物的（农业）生物活性及机制。 6. 了解醛、酮、醌在农业生产中的应用
2	与氨的衍生物的加成消除反应	A	
3	α- 氢的反应（卤代、卤仿反应、羟醛缩合反应）	A	
4	氧化反应	A	
5	还原反应	A	
6	醌的化学性质	B	

十、羧酸和羧酸衍生物

序号	内容	类别	说明和建议
1	羧酸的酸性	A	1. 了解电子效应对羧酸及取代酸酸性变化的影响。
2	羧酸衍生物的生成	A	

续表

序号	内容	类别	说明和建议
3	α- 氢的卤代	B	2. 熟悉羧酸及其衍生物的化学性质。 3. 了解羧酸酯化反应历程。 4. 熟悉丙二酸酯和乙酰乙酸乙酯在有机合成上的应用。 5. 了解羟酸类化合物的（农业）生物活性及机制。 6. 了解羧酸在农业生产中的应用
4	脱羧反应	A	
5	羟基酸的化学性质	A	
6	酮酸的化学性质	B	
7	羧酸衍生物的亲核取代反应	A	
8	Claisen 酯缩合反应	A	
9	羧酸衍生物的还原反应	A	
10	碳酸衍生物	B	
11	丙二酸酯在有机合成上的应用	B	
12	乙酰乙酸乙酯在有机合成上的应用	B	

十一、含氮化合物

序号	内容	类别	说明和建议
1	胺的碱性	A	1. 熟悉胺、重氮盐和酰胺的化学性质。 2. 熟悉伯胺、仲胺、叔胺的鉴别方法。 3. 熟悉各类胺的碱性强弱比较及其碱性不同的原因。 4. 了解季铵碱热分解的霍夫曼规则。 5. 了解重氮盐在有机合成上的应用。 6. 了解含氮化合物的生物活性及在农业生产中的应用
2	烃基化反应	A	
3	酰基化和磺酰化反应	A	
4	与亚硝酸的反应	A	
5	氧化反应	B	
6	芳胺的亲电取代反应	A	
7	重氮盐的放氮反应	A	
8	重氮盐的偶联反应	A	
9	酰胺的酸碱性	A	
10	酰胺的水解反应	A	
11	酰胺的霍夫曼降解反应	A	
12	酰胺与亚硝酸的反应	B	
13	季铵碱的热分解	B	
14	其他含氮化合物	B	

十二、含硫、含磷化合物

序号	内容	类别	说明和建议
1	硫醇的酸性	B	1. 了解含硫、含磷化合物的结构与性质。 2. 了解含磷有机化合物会造成江河湖泊富营养化的原因和改进方案。 3. 了解含硫、含磷化合物的（农业）生物活性及机制。 4. 了解含硫、含磷化合物在农业生产中的应用
2	硫醇、硫醚的氧化	B	
3	含磷化合物	B	

十三、有机合成

序号	内容	类别	说明和建议
1	有机合成路线的设计	B	1. 了解逆合成分析法。 2. 了解碳骨架的构建方法，以及官能团的转化、引入、去除和保护方法。 3. 了解有机化合物合成立体构型的控制策略。 4. 了解有机合成技术新进展，如绿色合成、固相合成、电化学合成。 5. 了解常见农业化学品的合成
2	碳骨架的构建	B	
3	官能团的转化、引入、去除及保护方法，占位和导向的应用	B	
4	立体构型的控制	B	
5	有机合成新技术	B	
6	农药与兽药	B	

十四、油脂和类脂化合物

序号	内容	类别	说明和建议
1	油脂的组成与结构	A	1. 了解油脂的组成与结构。 2. 了解类脂和甾体化合物的物理性质和化学性质。 3. 了解油脂和类脂化合物的生物活性
2	油脂的水解反应	B	
3	油脂的加成反应	B	
4	类脂化合物	B	
5	甾体化合物	B	

十五、杂环化合物

序号	内容	类别	说明和建议
1	吡咯、吡啶的酸碱性	A	1. 熟悉杂环的结构特点（芳香性及环上缺 π 电子或多 π 电子对反应活性的影响）。 2. 熟悉杂环化合物的亲电取代反应和氧化反应。 3. 了解嘧啶和嘌呤的羟基与氨基的互变异构现象。 4. 了解杂环化合物在农业中的应用
2	亲电取代反应	A	
3	氧化反应	B	
4	加成反应	B	
5	生物碱	B	

十六、碳水化合物

序号	内容	类别	说明和建议
1	变旋现象和环状结构	A	1. 了解单糖的变旋现象和环状结构。 2. 熟悉单糖的化学性质。 3. 掌握不同结构单糖和双糖的鉴别。 4. 了解重要的单糖、糖苷、双糖和多糖的物理性质和化学性质。 5. 熟悉糖的 Fischer 投影式和 Haworth 透视式的表示方法。 6. 了解碳水化合物与绿色农业
2	单糖的哈沃斯（Haworth）式和构象式	A	
3	单糖的异构化反应	A	
4	氧化反应（碱性溶液中的氧化、酸性溶液中的氧化）	A	
5	还原反应	A	
6	成脎反应	B	
7	成酯反应	B	
8	成苷反应	A	
9	显色反应	A	
10	双糖	A	
11	淀粉的性质	B	
12	纤维素的性质	B	

十七、氨基酸、蛋白质与核酸

序号	内容	类别	说明和建议
1	氨基酸的两性性质和等电点	A	1. 熟悉氨基酸、蛋白质的两性性质和等电点。 2. 熟悉氨基酸与亚硝酸、甲醛、2,4- 二硝基氟苯的反应。 3. 熟悉氨基酸和蛋白质的鉴别方法。 4. 了解蛋白质的性质。 5. 了解氨基酸和多肽在农业种植领域的作用
2	氨基与羧基的反应	A	
3	氨基酸的受热分解反应	B	
4	与茚三酮的反应	A	
5	脱羧、失氨的反应	A	
6	成肽反应	A	
7	蛋白质的组成与结构	B	
8	蛋白质的一级结构、二级结构（α- 螺旋、β- 折叠片）	B	
9	蛋白质的性质：两性性质和等电点，胶体性质，沉淀作用（可逆与不可逆沉淀），蛋白质的变性，蛋白质的颜色反应	B	
10	核酸的组成	B	
11	多核苷酸、DNA 的双螺旋结构	B	

十八、有机化合物波谱分析

序号	内容	类别	说明和建议
1	紫外光谱	B	1. 了解紫外光谱、红外光谱、核磁共振波谱、质谱的基本原理与应用。 2. 了解波谱分析技术在农业领域中的应用
2	红外光谱	B	
3	核磁共振波谱	B	
4	质谱	B	

有机化学实验

一、课程的地位、作用和任务

有机化学实验课以介绍有机化学实验原理、实验方法、实验手段及实验操作技能为主要内容，是高等农林院校农林类专业学生进行科学实验基本训练的必修基础课程，旨在培养学生基本的实验操作技能、科学素养及创新能力。它在培养学生严谨的治学态度、活跃的创新意识、理论联系实际的综合应用能力等方面具有不可替代的作用。

本课程的具体任务是：

① 培养学生的有机化学实验基本操作技能，提升学生开展科学实验的基本素质。

② 培养学生实事求是的科学态度、良好的科学素养和实验室工作习惯，以及综合运用化学知识和发现问题、解决问题的能力。

③ 促使学生形成严肃认真、实事求是的科学态度和严谨的工作作风，使学生在科学方法上得到初步训练。

二、教学内容基本要求

农林类学科有机化学实验的教学内容包括有机混合物的分离与纯化、有机物的合成、天然产物的提取与纯化、有机化合物结构鉴定与分析，其中A为课程核心内容，共15条；B为扩展内容，共4条。建议匹配32学时，各校可根据专业实际情况酌情增减学时。

① 有机混合物的分离与纯化（A：6条，B：1条，建议11学时）。

② 有机化合物的合成（A：7条，建议12学时）。

③ 天然产物的提取与纯化（A：2条，B：1条，建议6学时）。

④ 有机化合物结构鉴定与分析（B：2 条，建议 3 学时）。

三、能力与素质培养基本要求

（1）独立实验的能力　能够通过阅读实验教材、查询有关资料和自主思考，掌握实验的原理与方法，正确使用仪器设备，独立完成实验内容，撰写合格的实验报告，培养独立实验的能力，逐步形成自主实验的基本能力。

（2）分析和研究的能力　能够融合实验原理、实验方法对实验结果进行分析、判断、归纳与综合，具备初步分析和研究的能力。

（3）理论联系实际的能力　能够在实验中发现问题、分析问题，并找到解决问题的科学方法，逐步提升综合运用所学知识解决实际问题的能力。

（4）创新能力　能够完成符合规范要求的设计性、综合性实验，自主进行初步的、具有研究性的实验，激发学习主动性，逐步培养创新能力。

四、教学过程基本要求

（1）基本原则　以立德树人为根本，着重体现创新、决策、批判性思维、信息素养、团队协作、获取隐性知识和自我管理等意识；认真贯彻以学生为主体、教师为主导的教学思想，运用多种教学方法，有效提升课程的参与性、创新性和挑战性，努力构建一个有利于学生个性发展和创造能力培养的有机化学实验课程教学体系；激发学生的学习兴趣，引导学生思考，培养学生严谨、科学的价值观。

（2）教学方法　主要采用 CDIO 教学①、PBL 教学②以及传统授课等教学

① CDIO 代表构思（conceive）、设计（design）、实施（implement）和运作（operate），旨在为学生提供一种植根于工程实践全生命周期的工程教育。该教育理念和模式由麻省理工学院和瑞典皇家工学院等四所大学共同提出。

② PBL 教学指基于问题的学习（problem-based learning，PBL）教学模式。

方法。注重培养学生开拓创新的能力。培养学生的自学和分析、解决实际问题的能力。通过发散思维的 PBL 教学，启发学生思考，拓宽学生的知识面。利用 CDIO 教学模式，引导学生将知识点与其专业有机地结合，通过查阅文献自行设计解决方案以及方法步骤，进一步将所学的理论知识与实际应用相结合，提高自学能力。

（3）教学手段　利用信息技术进行交互式教学，结合信息化手段，在教学平台，班级 QQ 群、微信群等，实行线上线下混合式教学。

（4）习题与考核　针对有机化学实验课程的特点，每次实验课结束后，布置的习题和作业主要包括两部分内容：

①认真总结本次实验课，完成实验报告，并完成与实验原理、实验现象、操作注意事项等有关的引申思考题和习题。

②预习下次实验课，清楚下次实验课的实验目的、实验步骤以及实验方法。

通过作业和习题的布置，培养学生独立思考、解决专业问题的能力。

有机化学实验课的期末成绩以平时成绩、操作考核为依据进行评定。每个实验的平时成绩都以等级成绩进行评定，评定内容包括：出勤、预习、课堂表现、动手操作、报告撰写与上交以及打扫卫生等综合情况。实验报告的撰写主要包括：实验报告撰写的完整程度、数据的记录与处理、讨论与思考。

五、有关说明

（1）适用对象　本教学基本要求适用于一般农林院校开设有机化学实验课程的农学、生物学、食品科学等各本科专业，是学生学习本课程的基本要求。各院校可以根据学校人才培养目标与专业特点，适当增加教学内容或提高培养要求。

（2）开设时间　本课程根据有机化学课程讲授时间适时开设。

附表　教学内容基本要求

一、有机混合物的分离与纯化

（一）蒸馏与分馏			
序号	内容	类别	说明和建议
1	有机物的蒸馏	A	1. 熟悉蒸馏、分馏、减压蒸馏的原理、仪器装置及操作技术。 2. 掌握测定液体化合物密度和折光率的方法
2	有机物的分馏	A	
3	折光率的测定	A	
4	减压蒸馏	B	

（二）薄层色谱分离菠菜叶色素			
序号	内容	类别	说明和建议
1	薄层色谱板的制备	A	1. 熟悉利用薄层色谱法进行定性分析的原理。 2. 掌握薄层色谱法的操作技术
2	菠菜色素的提取	A	
3	薄层色谱分离色素	A	

二、有机化合物的合成

（三）羧酸酯的合成			
序号	内容	类别	说明和建议
1	羧酸酯的合成	A	1. 熟悉酯化反应的原理及乙酸乙酯的制备方法。 2. 掌握蒸馏基本操作及液体化合物折光率的测定方法。 3. 掌握分液漏斗的使用、液体化合物的洗涤及干燥等基本操作
2	馏出液的纯化处理	A	

（四）卤代烃的合成			
序号	内容	类别	说明和建议
1	合成卤代烃	A	1. 熟悉从醇制备卤代烷的原理和实验方法。 2. 掌握液体化合物的回流和有害气体的吸收等基本操作
2	卤代烃的纯化	A	

（五）酰胺的合成			
序号	内容	类别	说明和建议
1	合成酰胺	A	1. 掌握胺乙酰化的原理和实验操作。 2. 掌握熔点测定的操作技术
2	酰胺的重结晶	A	
3	熔点的测定	A	

三、天然产物提取与纯化

（六）从天然植物中提取有效成分及其主要成分的鉴定			
序号	内容	类别	说明和建议
1	从天然植物中提取有效成分	A	1. 熟悉从天然产物中提取有效成分的一般方法。 2. 熟悉衍生物法、层析法和红外光谱法在化合物鉴定中的应用。 3. 掌握层析法、重结晶及熔点测定等操作技术
2	主要成分的鉴定	B	
3	熔点的测定	A	

四、有机化合物结构鉴定与分析

（七）自行设计实验——有机未知液的分析			
序号	内容	类别	说明和建议
1	独立设计未知液的分析实验方案	B	1. 通过本实验全面考查学生对各类有机物的主要化学性质的熟悉程度。 2. 考查学生应用所学知识和操作技术，独立设计有机未知液的分析实验方案的能力
2	有机未知液的分析	B	

无机化学

一、课程的地位、作用和任务

（1）地位　化学是为人类进步提供物质基础的学科，也是促进交叉学科兴起的中心学科。化学是涉及农业、生物、环境、食品和健康问题的主要学科之一，也是提高人类生存质量的有效保障，在能源和资源的合理开发与高效安全利用中起关键作用。随着现代科学技术的迅速发展，农林科学及技术与化学学科的紧密度日益增加。无机化学是高等农林院校相关专业第一门专业基础课程，具有承前启后的重要地位。因此，无机化学课程体系的建设，是为现代农林科学技术培养高素质人才所必需的基础。

（2）作用　无机化学与农业现代化息息相关，是高等农林院校最重要的基础课程之一，农林领域各专业（如生物学、食品科学、土壤科学、动物医学、农学、植物保护等）往往都与无机化学有着紧密的联系。高等农林院校的无机化学课程能够培养学生的思维能力与学习方法，同时也能锻炼学生的基本实验技能，为后续专业课程的学习打下基础。通过无机化学课程的教学，使学生学会利用化学的方法观察、分析和解决问题，提高实践能力，适应现代农林科学发展的需要。

（3）任务　通过无机化学课程教学，形成与高等农林院校植物生产类、动物生产类和生物学科等专业、多学科交叉渗透，培养学生的创新意识和科学品质，使学生具备潜在的发展能力、继续学习能力、表述和应用知识能力，提高学生的创新能力。

二、教学内容基本要求

农林类专业无机化学的教学内容分为 A、B 两类。其中：A 为核心内容，共 20 条；B 为扩展内容，共 7 条。建议至少匹配 64 学时，各校可根据专业实际情况酌情增加学时。

① 物质的聚集状态和分散系（A：2 条，B：1 条，建议不少于 4 学时）。

② 化学热力学基础（A：5 条，建议不少于 8 学时）。

③ 化学动力学基础（A：4 条，B：1 条，建议不少于 6 学时）。

④ 化学平衡（A：4 条，建议不少于 28 学时）。

⑤ 物质结构基础（A：5 条，B：1 条，建议不少于 8 学时）。

⑥ 元素部分（B：4 条，建议不少于 10 学时）。

三、能力与素质培养基本要求

通过无机化学课程学习，培养学生以下能力与素质：

① 能够独立阅读无机化学的专业教材、参考书和文献资料，自主扩展知识面，能够理解参考文献的主要内容，可以归纳整理成条理清晰的笔记或小结等。

② 能够灵活运用无机化学知识解释农林相关领域日常较简单的现象。

③ 通过了解无机化学发展历史与进程，培养追求真理和献身科学的精神，树立辩证唯物主义世界观，培养严谨求实的科学品质。

④ 通过引入科学前沿内容，增加教学深度与广度，激发学生的求知欲和科研兴趣，使学生善于思考，培养其创新能力。

四、教学过程基本要求

（1）基本原则　以立德树人为根本，将知识传授、能力培养和价值塑造有机融合，促进学生知识、能力、素质协调发展；认真贯彻以学生为主体、教师为主导的教学思想，积极进行教学改革，有效提升课程的高阶性、创新性和挑战性，努力构建一个有利于学生个性发展和创造能力培养的无机化学课程教学体系；加强学生在课程教学过程中的参与度，提高学生的自学能力。

（2）教学方法　采用启发式、讨论式、开放式、MOOC（慕课）和翻转课堂等多种教学方法，引导学生深入思考，强化发散思维训练。

（3）教学手段　采用多媒体与板书相结合的课堂教学方法。课堂教学与实验教学相结合，增加感性知识，激发学生的学习兴趣。推进线下教学与线上教学相结合，增强学生对知识的理解。

（4）双语教学　鼓励有条件的院校开展双语教学，在教学中增加化学名词的外文注释及说明，以提升学生查阅外文资料的能力和进行专业外语交流的能力。

（5）习题与考核　保证课上与课下一定的习题数量，习题的选取符合教学要求的基本习题训练，降低技巧性习题的要求，精选出既能培养学生分析和解决问题能力、巩固所学知识，又较贴近应用实际、可激发学习兴趣的作业与平时考核。考核方式以闭卷考试为主，同时探索体现素质教育特征的考核方式。

五、有关说明

（1）适用对象　本教学基本要求适用于一般农林院校开设无机化学课程的本科专业（如农学、生物学、食品科学等），是学生学习本课程的基本要求。各院校可以根据学校人才培养目标与专业特点，适当增加特定内容和提高某些要求。

（2）开设时间　本课程宜从一年级第一学期开设。

附表　　教学内容基本要求

一、物质的聚集状态和分散系

<table>
<tr><th>序号</th><th>内容</th><th>类别</th><th>说明和建议</th></tr>
<tr><td>1</td><td>气体</td><td>B</td><td rowspan="3">1. 了解理想气体状态方程和分压定律。
2. 掌握溶液各种浓度关系的运算规律。
3. 掌握溶液依数性变化规律和溶胶性质。
4. 能够运用溶液依数性和胶体理论解释农业相关领域中的常见现象及其应用</td></tr>
<tr><td>2</td><td>溶液及溶液依数性</td><td>A</td></tr>
<tr><td>3</td><td>胶体</td><td>A</td></tr>
</table>

二、化学热力学基础

序号	内容	类别	说明和建议
1	化学热力学基本概念	A	1. 熟悉热力学基本术语及含义。 2. 掌握热力学第一、第二定律。 3. 掌握热化学规律，了解判断化学反应自发性的依据和化学平衡的移动。 4. 了解热力学原理在农林相关领域中的应用
2	热化学基本定律	A	
3	化学反应热效应	A	
4	化学反应方向的判定	A	
5	化学平衡	A	

三、化学动力学基础

序号	内容	类别	说明和建议
1	化学反应速率的表达方法	A	1. 熟悉化学反应速率的概念和表达式。 2. 掌握影响化学反应速率的基本规律和内在因素。 3. 了解反应级数和半衰期的含义。 4. 了解生物催化剂（酶）的特性和作用机制
2	化学反应速率理论	B	
3	化学反应速率的影响因素	A	
4	反应级数与半衰期	A	
5	催化剂与酶	A	

四、化学平衡

序号	内容	类别	说明和建议
1	酸碱平衡	A	1. 掌握酸碱体系质子平衡式、平衡移动及缓冲溶液相关计算方法。 2. 能够利用溶度积规则判断沉淀的生成、溶解与转化。 3. 掌握配合物基本概念及配位平衡计算。 4. 熟悉电极电势的影响因素及应用
2	沉淀 – 溶解平衡	A	
3	配位化合物与配位平衡	A	
4	氧化还原反应	A	

五、物质结构基础

序号	内容	类别	说明和建议
1	微观粒子运动特征	A	1. 掌握描述核外电子运动状态的方法。 2. 掌握原子结构与元素周期律的关系。 3. 熟悉化学键基本理论。 4. 掌握杂化轨道理论的要点，能解释部分常见分子的构型。 5. 熟悉分子间作用力、氢键和晶体结构。 6. 了解结构决定性质理论及其在农林学科中的应用
2	核外电子运动状态	A	
3	原子结构与元素周期性	A	
4	价键理论与杂化轨道理论	A	
5	分子间作用力	A	
6	晶体结构	B	

六、元素部分

序号	内容	类别	说明和建议
1	s 区元素	B	1. 了解 s 区元素（包括第ⅠA 族和第ⅡA 族元素及化合物的物理性质和化学反应性）。 2. 了解 p 区碳族、氮族、氧族、卤素单质及化合物的反应情况，熟悉ⅢA 族元素缺电子化合物的特征。 3. 了解 d 区元素的单质及化合物的反应规律。 4. 了解镧系元素的基本性状，熟悉镧系收缩
2	p 区元素	B	
3	d 区元素	B	
4	f 区元素	B	

无机化学实验

一、课程的地位、作用和任务

无机化学实验课以介绍无机化学实验原理、实验方法、实验手段及实验操作技能为主要内容，是高等农林院校农林类专业学生进行科学实验基本训练的必修基础课程，旨在培养学生基本的实验操作技能、科学素养及创新能力。它在培养学生严谨的治学态度、活跃的创新意识、理论联系实际的综合应用能力等方面具有不可替代的作用。

本课程的具体任务是：

① 培养学生的化学实验基本操作技能，提升学生开展科学实验的基本素质。

② 培养学生良好的科学素养和实验室工作习惯，以及综合运用化学知识和发现问题、解决问题的能力。

③ 促使学生形成严肃认真、实事求是的科学态度和严谨的工作作风，使学生在科学方法上得到初步训练。

二、教学内容基本要求

农林类学科无机化学实验的教学内容分为 A、B 两类。其中：A 为核心内容，共 22 条；B 为扩展内容，共 10 条。建议至少匹配 40 学时，各校可根据专业实际情况酌情增加学时。

① 化学实验规则与安全教育、溶液配制、电子天平使用（A：2 条，B：1 条，建议不少于 4 学时）。

② 基本操作练习（A：2 条，建议不少于 2 学时）。

③ 摩尔气体常数的测定（A：2 条，建议不少于 4 学时）。

④ 化学反应速率与活化能的测定（A：3 条，建议不少于 4 学时）。

⑤ 醋酸标准解离常数和解离度的测定（A：3 条，建议不少于 2 学时）。

⑥ 碘化铅溶度积常数的测定（A：2 条，建议不少于 4 学时）。

⑦ 氧化还原反应与电化学（A：4 条，建议不少于 4 学时）。

⑧ 配合物的生成与性质（B：4 条，建议不少于 4 学时）。

⑨ 常见无机阳离子和阴离子的鉴定（B：5 条，建议不少于 8 学时）。

⑩ 硫酸亚铁铵的制备及纯度检测（A：4 条，建议不少于 4 学时）。

具体的教学内容基本要求如下：

① 基本操作和技能训练。a. 掌握实验室中常用的加热方法；b. 常用玻璃器皿的洗涤；c. 固体试剂和液体试剂的取用；d. 试管、量筒、容量瓶、移液管、台秤、电子天平、酸度计和离心机的使用；e. 常压过滤和减压过滤，蒸发、浓缩结晶、简单干燥等操作；f. 试纸的选择和使用；g. 常见离子的分离和鉴定。

② 常数测定实验。了解某些常数的测定方法和化学反应原理。

③ 原理性质实验。通过元素及化合物的性质实验，掌握常见元素及化合物的性质。

④ 提纯与制备实验。通过无机化合物的提纯实验，学习基本理论、基本知识和基本技能的综合运用，在实验中保证产物的质量及产率。通过无机合成实验，掌握化合物制备操作和技能，学习最佳合成条件的选择，训练初步进行无机化学研究的基本思路。

三、能力与素质培养基本要求

（1）独立实验的能力　能够通过阅读实验教材、查询有关资料和自主思考，掌握实验的原理与方法，正确使用仪器设备，独立完成实验内容，撰写合格的实验报告，培养独立实验的能力，逐步形成自主实验的基本能力。

（2）分析和研究的能力　能够融合实验原理、实验方法对实验结果进行分析、判断、归纳与综合，具备初步分析和研究的能力。

（3）理论联系实际的能力　能够在实验中发现问题、分析问题，并找到解决问题的科学方法，逐步提升综合运用所学知识解决实际问题的能力。

（4）创新能力　能够完成符合规范要求的设计性、综合性实验，自主进行初步的、具有研究性的实验，激发学习主动性，逐步培养创新能力。

四、教学过程基本要求

上述教学要求，应通过开设一定数量的基础性实验、综合性实验、设计性实验来实现。建议基础性和综合性实验占70%、设计性实验占30%，各学校可根据本校的特点和需要作适当调整。

五、有关说明

（1）适用对象　本教学基本要求适用于一般农林院校开设无机化学实验课程的农学、生物学、食品科学等各本科专业，是学生学习本课程的基本要求。各院校可以根据学校人才培养目标与专业特点，适当增加某些内容和提高某些要求。

（2）开设时间　本课程宜从一年级第一学期开设。

附表　　教学内容基本要求

一、化学实验规则与安全教育、溶液配制、电子天平的使用

序号	内容	类别	说明和建议
1	化学实验规则与安全教育	A	1. 熟悉实验室的安全事项，了解实验室安全的重要性。 2. 掌握溶液的配制方法。 3. 熟悉电子天平使用方法
2	溶液配制	A	
3	电子天平的使用	B	

二、基本操作练习

序号	内容	类别	说明和建议
1	移液管的使用	A	掌握移液管和容量瓶的使用方法
2	容量瓶的使用	A	

三、摩尔气体常数的测定

序号	内容	类别	说明和建议
1	H_2 制备反应和装置	A	1. 掌握一种测定摩尔气体常数的方法。 2. 熟悉分压定律和理想气体状态方程式
2	理想气体状态方程的应用	A	

四、化学反应速率与活化能的测定

序号	内容	类别	说明和建议
1	浓度对反应速率的影响	A	1. 掌握采用初始速率法测定甲酸反应级数以及速率常数和活化能的方法。 2. 了解浓度、温度和催化剂对化学反应速率的影响。 3. 熟练使用秒表、温度计、恒温水浴锅等常用仪器
2	温度对反应速率的影响	A	
3	催化剂对反应速率的影响	A	

五、醋酸标准解离常数和解离度的测定

序号	内容	类别	说明和建议
1	醋酸溶液浓度的测定	A	1. 掌握测定醋酸标准溶液解离常数和解离度的方法，正确使用 pH 计。 2. 熟悉滴定管的使用方法
2	配制不同浓度的醋酸溶液	A	
3	不同浓度醋酸溶液 pH 的测定	A	

六、碘化铅溶度积常数的测定

序号	内容	类别	说明和建议
1	绘制 I^- 的标准曲线	A	1. 了解分光光度计法测定难溶盐溶度积常数的原理和方法。 2. 掌握分光光度计的使用方法
2	制备 PbI_2 标准溶液	A	

七、氧化还原反应与电化学

序号	内容	类别	说明和建议
1	浓度对氧化还原反应的影响	A	1. 熟悉电极电势与氧化还原反应的关系。 2. 掌握介质酸度、浓度对电极电势及氧化还原反应的影响。 3. 了解原电池的组成及工作原理
2	介质酸度对氧化还原反应的影响	A	
3	利用电极电势判断氧化还原反应的方向	A	
4	利用电极电势判断氧化还原反应进行的顺序	A	

八、配合物的生成与性质

序号	内容	类别	说明和建议
1	配合物的生成与组成	B	1. 了解配合物的生成和组成。 2. 掌握配合物与简单化合物、复盐的区别。 3. 掌握配位平衡及影响因素。 4. 了解螯合物的形成条件及稳定性
2	简单离子与配离子的区别	B	
3	配离子稳定性的比较与配位平衡的移动	B	
4	螯合物的生成	B	

九、常见无机阳离子和阴离子的鉴定

序号	内容	类别	说明和建议
1	常见一价阳离子的鉴定	B	1. 熟悉一些常见金属元素及其化合物的性质。 2. 掌握常见阳离子混合物的分离和检出方法。 3. 熟悉一些常见阴离子的性质并掌握其鉴定反应。 4. 了解阴离子分离与鉴定的一般原则。 5. 掌握常见阴离子分离与鉴定的原理和方法
2	常见二价阳离子的鉴定	B	
3	常见三价阳离子的鉴定	B	
4	常见简单阴离子的鉴定	B	
5	常见复杂阴离子的鉴定	B	

十、硫酸亚铁铵的制备及纯度检测

序号	内容	类别	说明和建议
1	硫酸亚铁溶液的制备	A	1. 掌握制备硫酸亚铁铵的方法。 2. 了解复盐的特性。 3. 熟练掌握水浴加热、溶解、过滤、蒸发、结晶等基本操作。 4. 了解产物检验的方法
2	硫酸亚铁铵的制备	A	
3	计算产物的理论产量和产率	A	
4	产物检验	A	

分析化学

一、课程的地位、作用和任务

（1）地位　化学是为人类进步提供物质基础的学科，也是促进交叉学科兴起的中心学科。分析化学是高等农林院校相关专业的一门公共基础课程，具有承前启后的特殊地位，为后续专业课程学习以及从事生产和科学研究工作打下坚实基础。因此，分析化学课程体系的建设，是为现代农林科学技术培养高素质创新人才所必需的基础。

（2）作用　分析化学与农林业现代化息息相关，是高等农林业院校最重要的基础课程之一，农林类各专业如生物科学、食品科学、动物科学、动物医学、农学、植物保护学等往往都与分析化学有着紧密的联系。高等农林院校的分析化学课程具有很强的实用性，同时又有严密、系统的理论，是理论与实际密切结合的学科。通过本课程的教学，使学生掌握分析化学的基本原理、基本方法和基本操作技能，以及典型的分析方法和实验数据处理方法；建立明确的“量”的概念，掌握误差等相关概念和定量分析相关计算；清楚影响分析结果的主要因素和关键环节，合理地选择实验条件和实验仪器，确保定量结果的可靠性；培养学生的逻辑思维能力，以及独立准确地进行科学实验的能力；促进学生养成良好的实验习惯，端正科学态度，适应现代农林科学发展的需要。

（3）任务　通过分析化学课程的教学，形成与高等农林院校生物科学、食品科学、动物科学、动物医学、农学、植物保护学等各专业、多学科交叉渗透，使学生了解分析化学在化学研究、工农业生产、医疗卫生、国防建设、能源开发、环境保护、生命科学、食品科学等领域中的应用和发展，熟悉现代仪器分析方法的原理和操作技能，加深对有关理论的理解并能灵活运用所学理论知识指导实验设计及操作，提高分析、解决实际问题的能力，塑造统筹思维，具备继续学习和应用知识的能力，培养创新意识和科学素养。

二、教学内容基本要求

（A 要求）

农林类专业分析化学（A 要求）的教学内容分为 A、B 两类（详见附表）。其中：A 为核心内容，共 25 条；B 为扩展内容，共 11 条。建议至少匹配 40 学时，各校可根据专业实际情况酌情增加学时。

① 定性分析（A：2 条，B：1 条，建议不少于 2 学时）。

② 定量分析的误差及数据处理（A：4 条，B：1 条，建议不少于 8 学时；）。

③ 滴定分析法概论（A：3 条，B：1 条，建议不少于 3 学时）。

④ 酸碱滴定法（A：4 条，B：1 条，建议不少于 8 学时）。

⑤ 沉淀滴定法与重量分析法（A：3 条，B：4 条，建议不少于 6 学时）。

⑥ 配位滴定法（A：4 条，B：1 条，建议不少于 5 学时）。

⑦ 氧化还原滴定法（A：4 条，建议不少于 4 学时）。

⑧ 常用仪器分析方法（A：1 条，B：2 条，建议不少于 4 学时）。

（B 要求）

农林类专业分析化学（B 要求）的教学内容分为 A、B 两类（详见附表）。其中：A 为核心内容，共 22 条；B 为扩展内容，共 11 条。建议至少匹配 32 学时，各校可根据专业实际情况酌情增加学时。

① 定性分析（B：3 条，建议不少于 2 学时）。

② 定量分析的误差及数据处理（A：4 条，B：1 条，建议不少于 6 学时）。

③ 滴定分析法概论（A：3 条，B：1 条，建议不少于 3 学时）。

④ 酸碱滴定法（A：4 条，B：1 条，建议不少于 6 学时）。

⑤ 沉淀滴定法（A：2 条，B：2 条，建议不少于 2 学时）。

⑥ 配位滴定法（A：4 条，B：1 条，建议不少于 5 学时）。

⑦ 氧化还原滴定法（A：4 条，建议不少于 4 学时）。

⑧ 常用仪器分析方法（A：1 条，B：2 条，建议不少于 4 学时）。

三、能力与素质培养基本要求

通过分析化学课程的教学，培养学生以下能力与素质：

① 能够独立阅读分析化学的专业教材、参考书和文献资料，能够理解阅读材料的主要内容，归纳、整理出条理清晰的读书笔记，自主拓展知识面。

② 掌握滴定分析方法的核心要素，灵活运用四大滴定法等解决农林生产和日常生活中测定物质含量的实际问题，具备理论联系实际的能力。

③ 掌握误差的基本理论，建立准确的“量”的概念，培养学生严谨的逻辑思维能力及独立开展科学实验的能力。

④ 把马克思主义立场观点方法的教育与科学精神培养结合起来，提升学生正确认识问题、分析问题和解决问题的能力。

⑤ 注重科学思维方法的训练和科学伦理的教育，引入科学前沿，增加教学深度与广度，培养学生的创新意识、科学素养和工匠精神。

四、教学过程基本要求

（1）基本原则　坚持“三全”育人原则，注重知识传授、能力培养和价值塑造相统一，引导学生树立坚定的理想信念，培养学生的创新意识、科学素养和工匠精神；积极进行教学改革，有效提升课程的高阶性、创新性和挑战性；引导学生主动参与到教学活动的各个环节，鼓励学生自学，努力构建一个有利于学生个性发展和创造能力培养的分析化学课程教学体系。

（2）教学方法　采用案例教学法、翻转课堂、探究式教学法和体验式教学法等多种教学方法，引导学生自主探索，建立科学的创新思维方式。

（3）教学手段　利用信息技术进行交互式教学，在教学平台和班级 QQ 群、微信群等推送与课堂讲授同步的阅读材料和最新研究进展，开展课堂之外教师与学生的互动，实现线上线下互动教学模式。

（4）双语教学　鼓励有条件的院校开展双语教学，在教学中增加化学名词的外文注释及说明，以提升学生查阅外文资料和进行科技外语交流的能力。

（5）习题与考核　每章教学结束后都布置相应的作业，作业的内容尽量结合平时学习、实验以及相关领域中所遇到的问题，让学生感受到用所学分析化学知识处理现实问题的方便性和规范化特点，激发学生继续学习的兴趣。考核方式分为平时成绩和期末成绩，注重过程考核，探索涵盖能力培养和素质教育的考核方式。

五、有关说明

（1）适用对象　本教学基本要求适用于一般农林院校开设分析化学课程的生物类、食品科学、农学、园艺、动物科学、动物医学等各本科专业，是学生学习本课程的基本要求。各院校可以根据学校人才培养目标与专业特点，适当增加某些内容或提高某些要求。

（2）开设时间　本课程宜从一年级第二学期开设。

附表　教学内容基本要求

（A 要求）

一、定性分析

序号	内容	类别	说明和建议
1	概述	B	1. 了解阳离子系统分析和阴离子分析程序。 2. 掌握影响鉴定反应进行的条件及可能存在的干扰和消除方法。 3. 掌握反应灵敏度的计算方法。 4. 学会运用系统分析法和分别分析法分析农业生产中常见的有机物组成
2	常见阳离子的分析	A	
3	常见阴离子的分析	A	

二、定量分析的误差及数据处理

序号	内容	类别	说明和建议
1	有关误差的一些基本概念	A	1. 熟悉误差的来源、分类及减免。 2. 了解准确度和精密度的关系。 3. 了解随机误差的分布规律。 4. 掌握有效数字位数的确定，以及加减法和乘除法的计算规则
2	随机误差的分布	B	
3	有限数据的统计处理	A	
4	提高分析结果准确度的方法	A	
5	有效数字及其计算规则	A	

三、滴定分析法概论

序号	内容	类别	说明和建议
1	概述	A	1. 熟悉滴定分析法中的基本术语与含义。 2. 了解计量基本单元。 3. 掌握滴定分析计算及提高测定结果准确度可采取的措施
2	滴定分析中的标准溶液	A	
3	滴定分析计算	A	
4	滴定分析误差	B	

四、酸碱滴定法

序号	内容	类别	说明和建议
1	酸碱溶液中酸度的计算	A	1. 掌握酸碱溶液中酸度的计算。 2. 掌握酸碱滴定曲线和指示剂的选择。 3. 掌握判断多元酸碱滴定突跃个数的方法。 4. 了解酸碱滴定法在农林领域中的应用
2	酸碱指示剂	A	
3	酸碱滴定曲线和指示剂的选择	A	
4	酸碱滴定中 CO_2 的影响	B	
5	酸碱滴定法的应用	A	

五、沉淀滴定法与重量分析法

序号	内容	类别	说明和建议
1	银量法分类	A	1. 了解沉淀滴定法的分类依据。 2. 掌握莫尔法和佛尔哈德法的原理、滴定条件和应用。 3. 了解法扬司法的原理。 4. 掌握沉淀的类型及影响沉淀溶解度的因素。 5. 了解晶型沉淀和非晶型沉淀形成的条件。 6. 了解沉淀滴定法在农林领域相关专业中的应用
2	莫尔法	A	
3	佛尔哈德法	A	
4	法扬司法	B	
5	沉淀的溶解度及其影响因素	B	
6	沉淀的形成和纯度	B	
7	沉淀条件的选择	B	

六、配位滴定法

序号	内容	类别	说明和建议
1	EDTA 及其与金属离子的配位反应	A	1. 掌握影响 EDTA 金属离子配合物稳定性的因素。 2. 了解 EDTA 滴定法的基本原理，以及单一金属离子准确滴定的界限。 3. 掌握运用控制酸度、掩蔽和解蔽进行混合离子分析的方法。 4. 了解配位滴定法在农业领域中的应用
2	EDTA 金属离子配合物的稳定性及其影响因素	A	
3	金属指示剂	A	
4	EDTA 滴定法的基本原理	A	
5	混合离子的滴定简介	B	

七、氧化还原滴定法

序号	内容	类别	说明和建议
1	氧化还原反应的基本知识	A	1. 熟悉氧化还原滴定法中的基本术语与含义。 2. 掌握氧化还原滴定曲线和指示剂的选择。 3. 了解不同氧化还原滴定法的区别和应用。 4. 掌握不同氧化还原滴定法的测定条件。 5. 了解氧化还原滴定法在农林相关专业中的应用
2	氧化还原滴定中的指示剂	A	
3	氧化还原滴定曲线	A	
4	常用氧化还原滴定法	A	

八、常用仪器分析方法

序号	内容	类别	说明和建议
1	紫外–可见分光光度法	A	1. 掌握分光光度法的基本原理与应用。 2. 了解电势分析法和色谱分析法的基本原理。 3. 了解光学、电化学和色谱分析法在农林相关领域中的应用
2	电势分析法	B	
3	色谱分析法	B	

（B 要求）

一、定性分析

序号	内容	类别	说明和建议
1	概述	B	1. 掌握阳离子系统分析和阴离子分析程序。 2. 了解影响鉴定反应进行的条件及可能存在的干扰和消除方法。 3. 学会运用系统分析法和分别分析法分析农业生产中常见的有机物组成
2	常见阳离子的分析	B	
3	常见阴离子的分析	B	

二、定量分析的误差及数据处理

序号	内容	类别	说明和建议
1	有关误差的一些基本概念	A	1. 熟悉误差的来源、分类及减免。 2. 了解准确度和精密度的关系。 3. 了解随机误差的分布规律。 4. 掌握有效数字位数的确定，以及加减法和乘除法的计算规则。 5. 树立“量”的概念，培养严谨的科学态度
2	随机误差的分布	B	
3	有限数据的统计处理	A	
4	提高分析结果准确度的方法	A	
5	有效数字及其计算规则	A	

三、滴定分析法概论

序号	内容	类别	说明和建议
1	概述	A	1. 熟悉滴定分析法中的基本术语与含义。 2. 了解计量基本单元。 3. 掌握滴定分析计算、滴定误差分析及提高测定结果准确度可采取的措施
2	滴定分析中的标准溶液	A	
3	滴定分析计算	A	
4	滴定分析误差	B	

四、酸碱滴定法

序号	内容	类别	说明和建议
1	酸碱溶液中酸度的计算	A	1. 掌握酸碱溶液中酸度的计算。 2. 掌握酸碱滴定曲线和指示剂的选择。 3. 掌握判断多元酸碱滴定突跃个数的方法。 4. 了解酸碱滴定法在农林相关专业中的应用
2	酸碱指示剂	A	
3	酸碱滴定曲线和指示剂的选择	A	
4	酸碱滴定中 CO_2 的影响	B	
5	酸碱滴定法的应用	A	

五、沉淀滴定法

<table>
<tr><th>序号</th><th>内容</th><th>类别</th><th>说明和建议</th></tr>
<tr><td>1</td><td>银量法分类</td><td>A</td><td rowspan="4">1. 了解沉淀滴定法的分类依据。
2. 了解莫尔法和佛尔哈德法的原理、滴定条件和应用。
3. 了解法扬司法的原理。
4. 了解沉淀滴定法在农林相关领域中的应用</td></tr>
<tr><td>2</td><td>莫尔法</td><td>A</td></tr>
<tr><td>3</td><td>佛尔哈德法</td><td>B</td></tr>
<tr><td>4</td><td>法扬司法</td><td>B</td></tr>
</table>

六、配位滴定法

<table>
<tr><th>序号</th><th>内容</th><th>类别</th><th>说明和建议</th></tr>
<tr><td>1</td><td>EDTA 及其与金属离子的配位反应</td><td>A</td><td rowspan="5">1. 掌握影响 EDTA 金属离子配合物稳定性的因素。
2. 掌握 EDTA 滴定法的基本原理和单一金属离子准确滴定的条件。
3. 掌握运用控制酸度、掩蔽和解蔽进行混合离子分析的方法。
4. 了解配位滴定法在农业领域中的应用</td></tr>
<tr><td>2</td><td>EDTA 金属离子配合物的稳定性及其影响因素</td><td>A</td></tr>
<tr><td>3</td><td>金属指示剂</td><td>A</td></tr>
<tr><td>4</td><td>EDTA 滴定法的基本原理</td><td>A</td></tr>
<tr><td>5</td><td>混合离子的滴定简介</td><td>B</td></tr>
</table>

七、氧化还原滴定法

<table>
<tr><th>序号</th><th>内容</th><th>类别</th><th>说明和建议</th></tr>
<tr><td>1</td><td>氧化还原反应的基本知识</td><td>A</td><td rowspan="4">1. 熟悉氧化还原滴定法中的基本术语与含义。
2. 掌握氧化还原滴定曲线和指示剂的选择。
3. 了解不同氧化还原滴定法的区别和应用。
4. 了解氧化还原滴定法在农林相关领域中的应用</td></tr>
<tr><td>2</td><td>氧化还原滴定中的指示剂</td><td>A</td></tr>
<tr><td>3</td><td>氧化还原滴定曲线</td><td>A</td></tr>
<tr><td>4</td><td>常用氧化还原滴定法</td><td>A</td></tr>
</table>

八、常用仪器分析方法

<table>
<tr><th>序号</th><th>内容</th><th>类别</th><th>说明和建议</th></tr>
<tr><td>1</td><td>紫外-可见分光光度法</td><td>A</td><td rowspan="3">1. 掌握分光光度法的基本原理与应用。
2. 了解电势分析法与原子吸收光谱法的基本原理。
3. 了解光学和电化学相关仪器在农林相关领域中的应用</td></tr>
<tr><td>2</td><td>电势分析法</td><td>B</td></tr>
<tr><td>3</td><td>原子吸收光谱法</td><td>B</td></tr>
</table>

分析化学实验

一、课程的地位、作用和任务

（1）地位　分析化学是化学学科的一个重要分支，是研究物质的组成、含量、结构及其他多种信息有关理论及分析方法的一门学科。分析化学是科学技术的眼睛，是进行科学研究的基础，在农林科学、医药卫生、生命科学、资源开发等许多领域都有着广泛的应用。分析化学实验是高等农林院校相关专业的重要基础课程之一。它与分析化学理论教学紧密结合，但又是一门独立的课程，不仅能够加深学生对理论知识的理解和应用，还能够培养学生的实践能力和科学习惯，在整个教学过程中占有不可或缺的地位，是培养现代农林科学技术高素质人才所必需的平台基础课程。

（2）作用　分析化学实验是一门实践性强的专业基础课，它是应用化学、动物医学和化学生物学等专业学生必须掌握的分析技术。分析化学实验是对物质进行定性、定量和结构等分析的重要手段，也是许多其他学科取得化学信息的研究手段，它对于学生的知识、能力和素质的培养与提高起着非常重要的作用。分析化学实验课程着重强调理论与实践紧密结合，分析原理与实验技术高度融合，通过实践反馈指导理论学习，有效地提高教学有效性。通过分析化学实验课程教学，使学生建立明确的“量”的概念，具备一定发现问题、分析问题和解决问题的能力，使学生得到综合训练，成为适应现代农林科学发展需要的高素质创新人才。

（3）任务　通过分析化学实验课程教学，形成与高等农林院校农学类、动物生产类、食品科学和生物科学等各专业、多学科交叉渗透，培养学生的团队意识和科学品质，使学生具备实事求是、严谨的科学态度和良好的实验素养，提高学生的动手能力和独立工作能力，使掌握独立开展科学实验的方法，逐步学会对实验现象进行观察、分析、归纳和总结。

二、教学内容基本要求

农林类专业分析化学实验的教学内容包括酸碱滴定法、配位滴定法、氧化还原滴定法、沉淀滴定法、重量分析法和色谱分析法、分光光度法、实验基本操作考查和综合设计考查。其中 A 为课程核心内容，共 20 条；B 为扩展内容，共 11 条。建议匹配 48 学时，各校可根据专业实际情况酌情增减学时。

① 酸碱滴定法（A：9 条，建议 16 学时）。

② 配位滴定法（A：2 条，建议 4 学时）。

③ 氧化还原滴定法（A：7 条，建议 8 学时）。

④ 沉淀滴定法（B：2 条，建议 4 学时）。

⑤ 重量分析法和色谱分析法（B：3 条，建议 4 学时）。

⑥ 分光光度法（A：2 条，建议 4 学时）。

⑦ 实验基本操作考查（B：2 条，建议 4 学时）。

⑧ 综合设计考查（B：4 条，建议 4 学时）。

三、能力与素质培养基本要求

通过分析化学实验课程教学，应培养学生以下能力与素质：

① 检验所学基础理论知识的正确性，以达到复习、巩固和加深理解的目的。

② 掌握各种化学分析方法和分析化学实验的基本操作技术，以及有关分析化学实验的基本知识，初步掌握分析化学手册及有关参考资料的查阅方法。

③ 学会正确地记录和处理实验数据，以及正确地表达分析结果，建立明确的“量”的概念。

④ 通过设计实验和实际样品的分析，培养学生观察问题、分析问题和解决问题的能力，使学生得到全面的训练，具备一定的独立工作能力。

⑤ 培养学生实事求是、严谨的科研作风，以及认真、细致的科学习惯。

⑥ 通过实验过程中的相互配合，培养学生的团队意识，并学会承担相应责任。

⑦ 引导学生树立低碳发展的世界观，践行绿色生活方式。

四、教学过程基本要求

（1）基本原则　以立德树人为根本，着重体现创新、决策、批判性思维、信息素养、团队协作、获取隐性知识和自我管理等意识；认真贯彻以学生为主体、教师为主导的教学思想，运用多种教学方法，有效提升课程的参与性、创新性和挑战性，努力构建一个有利于学生个性发展和创造能力培养的分析化学实验课程教学体系；激发学生的学习兴趣，引导学生思考，培养学生严谨、科学的价值观。

（2）教学方法　主要采用 CDIO 教学、PBL 教学以及传统授课等教学方法。注重培养学生开拓创新的能力。培养学生的自学和分析、解决实际问题的能力。通过发散思维的 PBL 教学，启发学生思考，拓宽学生的知识面。利用 CDIO 教学模式，引导学生将知识点与其专业有机地结合，通过查阅文献自行设计解决方案以及具体步骤，进一步将所学理论知识与实际应用相结合，提高自学能力。

（3）教学手段　运用辩证唯物主义观点和科学思维方法阐明问题，结合科技和学科发展的前沿，适当反映化学领域的新知识、新技术。理论联系实际，根据教学进度和学生的学习情况设置与教学内容相接近的现实或研究案例，结合案例教学，鼓励学生提出有创见的研究思路。

（4）习题与考核　针对分析化学实验课程的特点，每次实验课结束后，布置的习题和作业主要包括两部分内容：

① 认真总结本次实验课，完成实验报告，并完成与实验原理、实验现象、操作注意事项等有关的引申思考题和习题。

② 预习下次实验课，清楚下次实验课的实验目的、实验步骤以及实验方法。

通过作业和习题的布置，培养学生独立思考和解决专业问题的能力。对课程教学目标（能力与素质培养基本要求）中所列“学会正确地记录和处理实验数据，以及正确地表达分析结果，建立明确的‘量’的概念；培养学生观察问题、分析问题和解决问题的能力；培养学生实事求是、严谨的科研作风，以及认真、细致的科学习惯”等目标的实现起到支撑作用。

分析化学实验课的期末成绩以平时成绩为依据进行评定。每个实验的平时成绩都以等级成绩进行评定，评定内容包括：出勤、预习、课堂表现、动手操作、报告撰写与上交以及打扫卫生等综合情况。实验报告的撰写主要包括：实验报告撰写的完整程度、数据的记录与处理、讨论与思考。实验结束后对平时成绩进行统计分析，评定最终的实验成绩，其中：A 为优秀，B 为良好，C 为中等，D 为及格，E 为不及格。

五、有关说明

（1）适用对象　本教学基本要求适用于一般农林院校开设分析化学实验课程的农学、生物学、食品科学等各本科专业，是学生学习本课程的基本要求。各院校可以根据学校人才培养目标与专业特点，适当增加某些教学内容和提高某些教学要求。

（2）开设时间　本课程宜从一年级第二学期开设。

附表　教学内容基本要求

一、酸碱滴定法

（一）酸碱标准溶液的配制和比较滴定			
序号	内容	类别	说明和建议
1	配制酸标准溶液	A	1. 熟悉标准溶液的配制方法。 2. 熟悉滴定分析的基本操作
2	配制碱标准溶液	A	
3	比较滴定	A	

续表

（二）盐酸标准溶液的标定			
序号	内容	类别	说明和建议
1	配制碱标准溶液	A	1. 掌握盐酸标准溶液的标定方法。 2. 熟练掌握容量瓶和移液管的使用。 3. 进一步熟悉滴定分析基本操作
2	用标准碱溶液标定盐酸溶液	A	
（三）碱灰总碱度的测定			
序号	内容	类别	说明和建议
1	样品溶液的配制	A	1. 掌握酸滴定碱的方法。 2. 进一步熟练滴定分析基本操作
2	碱度的测定	A	
（四）食醋总酸度的测定			
序号	内容	类别	说明和建议
1	食醋试液的配制	A	1. 掌握碱标准溶液的标定方法。 2. 掌握食醋总酸度的测定原理、方法和操作技术。 3. 熟练掌握移液管的使用
2	食醋总酸度的测定	A	

二、配位滴定法

（五）EDTA 标准溶液的配制及水的总硬度的测定			
序号	内容	类别	说明和建议
1	EDTA 标准溶液的配制与标定	A	1. 熟悉配位滴定法及其操作技术。 2. 掌握水的总硬度测定方法及金属指示剂终点的判断
2	水样分析	A	

三、氧化还原滴定法

（六）高锰酸钾法测定钙的含量			
序号	内容	类别	说明和建议
1	$c(1/5KMnO_4)$=0.1 mol/L 标准溶液的配制	A	1. 了解 $KMnO_4$ 标准溶液的配制方法和保存条件。 2. 掌握以 $Na_2C_2O_4$ 作基准物质标定 $KMnO_4$ 标准溶液浓度的原理和方法。 3. 掌握用 $KMnO_4$ 法测定钙含量的原理、步骤和操作技术。 4. 了解用沉淀分离法消除杂质的干扰。 5. 掌握沉淀、过滤、洗涤和消化法处理样品的操作技术。 6. 对于实际样品测定，学会设计并完成空白试验
2	$KMnO_4$ 溶液的标定	A	
3	草酸钙的沉淀及纯化	A	
4	钙含量测定	A	

（七）重铬酸钾法测定铁的含量			
序号	内容	类别	说明和建议
1	配制样品溶液	A	1. 掌握产品纯度的检验方法。 2. 掌握氧化还原测定的基本操作
2	$K_2Cr_2O_7$ 标准溶液的配制	A	
3	测定亚铁含量	A	

四、沉淀滴定法

（八）氯化物中氯含量的测定（莫尔法）			
序号	内容	类别	说明和建议
1	$AgNO_3$ 标准溶液的标定	B	1. 熟悉 $AgNO_3$ 标准溶液的配制和标定。 2. 掌握用莫尔法进行沉淀滴定的原理、方法和操作技术
2	测定氯含量	B	

五、重量分析法和色谱分析法

（九）二水合氯化钡结晶水含量测定与纸色谱分离氨基酸			
序号	内容	类别	说明和建议
1	将空称量瓶和装样品的称量瓶分别恒重	B	1. 了解含结晶水的化学物质中结晶水含量的测定方法。 2. 了解纸色谱的原理和操作方法。 3. 掌握分离氨基酸混合物的方法
2	配制展开剂、点样、展开、显色	B	
3	计算各组分的比移值 R_f，鉴定混合液的组分	B	

六、分光光度法

（十）分光光度法测定铁的含量			
序号	内容	类别	说明和建议
1	标准曲线的绘制	A	1. 熟悉比色法测定铁含量的原理、方法和基本操作技术。 2. 掌握分光光度计的使用
2	未知样的测定	A	

七、实验基本操作考查

序号	内容	类别	说明和建议
1	比较滴定操作考查	B	1. 考查学生基本操作能力。 2. 规范学生科学实验习惯
2	溶液配制与转移考查	B	

八、综合设计考查

序号	内容	类别	说明和建议
1	实验方案设计	B	1. 考查学生综合设计实验的能力。 2. 考查学生的动手操作能力。 3. 训练学生分析问题和解决问题的能力。 4. 训练学生记录和处理数据的规范性
2	标准溶液的配制	B	
3	样品测定	B	
4	实验数据处理	B	

无机及分析化学

一、课程的地位、作用和任务

（1）地位　化学在人类进步中起着关键作用，是解决农业、生物、环境、食品和健康问题的主要学科之一，也是提高人类生存质量的有效保障。随着现代农林科学对化学学科的需求日益增加，无机及分析化学作为高等农林院校农林类专业的重要基础课程，具有承前启后的特殊地位。因此，无机及分析化学课程体系的建设，是为现代农林学科培养高素质人才所必需的基础。

（2）作用　无机及分析化学是高等农林院校最重要的基础课程之一，与农学、林学、生物学、食品科学、土壤科学、动物医学等专业都有紧密的联系。高等农林院校的无机及分析化学课程能够培养学生的思维能力与学习方法，使其明白化学与农林类专业之间的关系，充分认识到化学在农林类专业领域的重要性。通过无机及分析化学课程教学，学生能够利用化学的手段和方法观察、分析和解决问题，掌握后续专业课程学习所需化学基础知识和基本技能，为专业课程学习打下基础，适应现代农林科学技术发展的需要。

（3）任务　无机及分析化学承担着为相关专业后续课程进行必要知识储备的重要任务。通过无机及分析化学课程教学，形成与高等农林院校植物生产类、动物生产类、生物类、环境科学、食品科学等各专业、多学科交叉渗透，培养学生的创新意识和科学品质，使学生具备潜在的发展能力和继续学习能力。

二、教学内容基本要求

农林类专业无机及分析化学的教学内容分为 A、B 两类。其中：A 为核心内容，共 21 条；B 为扩展内容，共 6 条。建议匹配 80 学时，各校可根据专业实际情况酌情增减学时。

① 物质的聚集状态和分散系（A：2 条，B：1 条，建议 8 学时）。

② 物质结构基础（A：4 条，B：2 条，建议 10 学时）。

③ 化学热力学基础（A：5 条，建议 10 学时）。

④ 化学反应动力学基础（A：2 条，B：1 条，建议 4 学时）。

⑤ 化学定量分析方法（A：7 条，建议 43 学时）。

⑥ 仪器分析方法（A：1 条，B：2 条，建议 5 学时）。

三、能力与素质培养基本要求

通过无机及分析化学课程学习，学生的能力与素质培养达到以下基本要求：

① 能够独立运用线下及线上资源，阅读无机及分析化学的专业教材、参考书和文献资料，自主扩展知识面，理解参考文献的主要内容，具备基本的逻辑思维能力和条理清晰的归纳整理能力。

② 具备灵活运用所学知识对农林相关领域中的日常简单现象进行科学解释的能力。

③ 通过学习无机及分析化学发展历史与进程，培养追求真理和献身科学的精神，树立辩证唯物主义世界观，培养严谨求实的科学品质。

④ 通过学习无机及分析化学科学前沿知识，激发求知欲和科研兴趣，培养善于思考和总结的学习习惯，培养创新能力。

四、教学过程基本要求

（1）基本原则　以立德树人为根本，将知识传授、能力培养和价值塑造有机融合，促进学生知识、能力、素质协调发展；认真贯彻以学生为主体、教师为主导的教学思想，积极进行教学改革，有效提升课程的高阶性、创新性和挑战性，努力构建一个有利于学生个性发展和创新能力培养的无机及分析化学课程教学体系，塑造学生科学思维能力与素养。

（2）教学方法　采用启发式、问题式、讨论式、项目教学式、翻转课堂、MOOC（慕课）等多种混合式教学方法，引导学生深入独立思考，培养学生逻辑思维能力，强化发散性思维训练。

（3）教学手段　采用在线教学、多媒体技术与板书相结合的课堂教学方法，使课堂理论教学与感性知识相结合，激发学生的学习兴趣。推进线下教学与线上教学相结合，增强教学效果。

（4）双语教学　鼓励有条件的院校开展双语教学，在教学中增加化学名词的专业术语外文注释及说明，提升学生查阅外文资料的能力和专业外语交流能力。

（5）习题与考核　保证课上与课下的习题数量，选取能培养学生分析与解决问题能力、巩固所学知识体系、符合教学内容要求的习题训练集，精选贴近实际应用并可激发学生学习兴趣的作业与平时考核。考核方式以闭卷为主，同时探索体现素质教育特征的考核方式。

五、有关说明

（1）适用对象　本教学基本要求适用于一般农林院校开设无机及分析化学课程的农学、林学等相关本科专业，是学生学习本课程的基本要求。各院校可以根据学校人才培养目标与专业特点，适当增加教学内容和提高培养要求。

（2）开设时间　本课程宜从一年级第一学期开设。

附表　　　　　　　　　　教学内容基本要求

一、物质的聚集状态和分散系

序号	内容	类别	说明和建议
1	气体	B	1. 熟悉气体、溶液和胶体的基础知识。 2. 掌握溶液各种浓度关系的运算和溶液依数性规律。 3. 掌握胶体的特性。 4. 能够运用溶液依数性、胶体理论解释农林相关领域中的常见现象，并了解其应用
2	溶液	A	
3	胶体	A	

二、物质结构基础

序号	内容	类别	说明和建议
1	微观粒子运动特征	B	1. 熟悉核外电子运动状态。 2. 掌握原子结构与元素周期律的关系。 3. 熟悉化学键基本理论。 4. 掌握杂化轨道理论的要点，能够解释部分常见分子的空间构型。 5. 掌握分子间作用力的类型及氢键的形成与特征。 6. 理解物质微观结构决定性质。 7. 了解晶体结构特点
2	核外电子运动状态	A	
3	原子结构与元素周期性	A	
4	化学键	A	
5	分子间作用力	A	
6	晶体结构	B	

三、化学热力学基础

序号	内容	类别	说明和建议
1	化学热力学基本概念	A	1. 熟悉热力学基本术语及其含义。 2. 掌握热力学第一、第二定律成立的条件及其应用。 3. 掌握化学反应热的计算。 4 . 熟悉判断化学反应自发进行方向的方法。 5. 能够熟练运用化学平衡常数和多重平衡规则解决实际问题。 6. 掌握化学平衡移动本质及相关计算。 7. 了解热力学相关理论在农林类各学科中的应用
2	热化学基本定律	A	
3	化学反应热的计算	A	
4	化学反应方向的判定	A	
5	化学平衡及移动	A	

四、化学反应动力学基础

序号	内容	类别	说明和建议
1	化学反应速率	A	1. 理解化学反应速率相关概念和表达方式。 2. 掌握质量作用定律，熟悉影响化学反应速率的因素。 3. 了解生物催化剂（酶）的特性和催化机制
2	化学反应速率理论	B	
3	化学反应速率的影响因素	A	

五、化学定量分析方法

序号	内容	类别	说明和建议
1	酸碱平衡	A	1. 了解实验数据处理的重要性与必要性，学会科学地处理数据。 2. 掌握酸碱平衡、缓冲溶液、酸碱滴定法等相关计算方法。
2	沉淀 - 溶解平衡	A	
3	配位化合物与配位平衡	A	

续表

<table>
<tr><th>序号</th><th>内容</th><th>类别</th><th>说明和建议</th></tr>
<tr><td>4</td><td>氧化还原反应</td><td>A</td><td rowspan="4">3. 熟悉利用溶度积规则判断沉淀－溶解平衡，包括沉淀的生成、溶解与转化和沉淀滴定法。
4. 掌握配合物的基本概念与相关价键理论，以及配位平衡计算与配位滴定法。
5. 掌握氧化还原反应和电极电势的影响因素及应用。
6. 掌握四类化学滴定方法的主要原理、指示剂的原理与选择、滴定曲线、标准溶液的配制与标定。
7. 熟悉化学滴定方法的应用。
8. 了解酸碱平衡、沉淀溶解平衡、配合物、氧化还原反应及相关滴定分析方法在农林类各学科中的应用</td></tr>
<tr><td>5</td><td>数据分析与处理</td><td>A</td></tr>
<tr><td>6</td><td>滴定分析基本原理</td><td>A</td></tr>
<tr><td>7</td><td>化学滴定方法</td><td>A</td></tr>
</table>

六、仪器分析方法

<table>
<tr><th>序号</th><th>内容</th><th>类别</th><th>说明和建议</th></tr>
<tr><td>1</td><td>吸光光度法</td><td>A</td><td rowspan="3">1. 掌握光吸收定律、显色反应、分光光度法原理与应用。
2. 掌握利用工作曲线法测定未知样浓度的仪器分析方法。
3. 掌握电势分析法基本原理与应用。
4. 了解气相色谱和液相色谱分析的基本原理。
5. 了解相关仪器方法在农林各专业学科中的应用</td></tr>
<tr><td>2</td><td>电势分析法</td><td>B</td></tr>
<tr><td>3</td><td>色谱法简介</td><td>B</td></tr>
</table>

无机及分析化学实验

一、课程的地位、作用和任务

（1）地位　无机及分析化学实验是一门独立设置的实验操作课程，学生通过动手操作和仔细观察实验现象，直接获得化学感性认知，巩固和扩展课堂中所学理论知识，为理论联系实际提供具体且必要条件。本课程与无机及分析化学理论课程紧密结合，学生通过独立操作完成实验，能够培养实践动手能力和科学实验习惯。作为首门化学实验教学系列课程，无机及分析化学实验具有不可替代的重要地位，是培养高素质现代农林科学技术人才所必需的基础操作课程。

（2）作用　无机及分析化学实验是实践性较强的专业基础课程，对于培养农学、林学、动物科学、植物学和生物学等专业学生的理论联系实际能力、严谨的科学态度、认真求实的工作作风等起着非常重要的作用。通过熟练掌握基本实验操作技术，正确使用无机及分析化学实验中的各种常见仪器，及时、准确记录实验现象和数据，学会正确的数据处理方法，提升学生发现问题、分析问题和解决问题的能力，为后续专业课程的学习和科研打好基础，促进学生成为适应现代农林科学发展需要的高素质创新人才。

（3）任务　通过无机及分析化学实验课程教学，与高等农林院校植物生产类、动物生产类、食品学科和生物学科等各专业、多学科交叉渗透，培养学生独立处理问题的能力，使学生具备团队合作意识，具备实事求是的工作作风、理论联系实际的能力、严谨的科学态度和良好的实验素养；提高学生的动手能力和独立工作能力；提升学生的安全意识和环境保护意识；促进学生掌握科学的实验方法、建立良好的科研思维，使学生逐步学会对实验现象进行观察、分析、归纳和总结，养成科学思维习惯。

二、教学内容基本要求

农林类专业无机及分析化学实验的教学内容分为制备实验、滴定分析法、仪器分析法和综合设计实验等模块。其中 A 为课程核心内容，共 21 条；B 为扩展内容，共 8 条。建议匹配 48 学时，各校可根据专业实际情况酌情增减学时。

三、能力与素质培养基本要求

通过无机及分析化学实验课程教学，培养学生以下能力与素质：

① 通过实验验证所学的基础理论知识，以达到复习、巩固和加深理解的目的，做到理论与实践操作的融会贯通，培养理论联系实际的能力。

② 通过无机制备实验、化学定量分析实验、仪器分析实验等多模块综合教学，教会学生细心观察实验现象，正确记录和处理实验数据，培养学生善于思考、尊重实验事实的作风。

③ 通过对实际样品的分析，培养学生观察问题、分析问题和解决问题的能力，使学生能独立完成操作任务，综合能力得到全面提升。

④ 通过完成符合规范要求的设计性、综合性实验，激发学生学习的主动性，逐步培养学生的创新能力。

⑤ 通过分组实验过程中的相互配合，培养学生的团队意识和责任感。

⑥ 引导学生养成注意实验室安全的习惯，树立环境保护意识和节约意识。

四、教学过程基本要求

（1）基本原则　以立德树人为根本，着重体现实事求是、理论联系实际、团队协作、知识获取和自我管理等意识；认真贯彻以学生为主体、教师为主导的教学思想，运用多种教学方法，有效提升课程的参与性、创新性和挑战性，努力构建一个有利于学生个性发展和创造能力培养的无机及分析化学实验课程教学体系；激发学生的学习兴趣，引导学生思考，培养学生严谨的科学价值观。

（2）教学方法　主要采用传统授课及线上教学等教学方法，培养学生的自学和分析问题、解决实际问题的能力。通过启发学生思考，拓宽学生的知识面，培养学生建立发散思维模式，引导学生将知识点与其专业有机地结合。通过预习及查阅文献设计实验方案与步骤，进一步将所学的理论知识与其实际应用相结合，以设置综合性实验为起点，提高学生的独立思考与自学能力。

（3）教学手段　在运用辩证唯物主义观点和科学思维方法阐明问题的基础上，结合科技和学科发展的前沿，适当反映化学领域的新知识、新技术。理论联系实际，根据教学进度与学生学习情况，设置与教学内容相接近的综合实验研究案例，结合案例教学，培养学生的情境思维和科学思维能力。

（4）习题与考核　针对无机及分析化学实验课程的特点，每次实验课结束后，布置课后习题和作业。主要包括两部分内容：

① 认真总结本次实验课，完成实验报告，并完成与实验原理、实验现象、操作注意事项等有关的引申思考习题。

② 预习下次实验课，清楚下次实验课的实验目的、实验步骤及实验方法。

通过作业和习题的布置，培养学生严谨的科学作风，独立思考问题与解决专业问题的能力。

无机及分析化学实验课的考核以平时成绩、操作考核为依据进行评定。每个实验的平时成绩都以等级成绩进行评定，评定内容包括：出勤、预习、课堂表现、动手操作、报告撰写与上交和打扫卫生等综合情况。实验报告的撰写主要包括：实验报告撰写的完整程度、数据的记录与处理、讨论与思考。全部实验教学结束后，对平时成绩进行统计分析，评定课程的最终成绩。

五、有关说明

（1）适用对象 本教学基本要求适用于一般农林院校开设无机及分析化学实验课程的农学、生物学、食品科学等各本科专业，是学生学习本课程的基本要求。各院校可以根据学校人才培养目标与专业特点，适当调整实验开设顺序，增加某些内容或提高某些要求。

（2）开设时间 本课程宜从一年级开设。

附表 教学内容基本要求

一、实验室安全教育

二、基础操作练习

（一）酸碱溶液的配制与溶液标定			
序号	内容	类别	说明和建议
1	粗配酸、碱溶液	A	1. 熟悉酸、碱溶液的粗配方法。 2. 掌握滴定分析的基本操作。 3. 熟练掌握分析天平的使用。 4. 明确比较滴定的理论要点
2	比较滴定	A	
3	用基准物质标定盐酸溶液浓度	A	
（二）滴定分析应用			
1	食醋总酸度的测定	A	1. 掌握食醋总酸度的测定原理、方法和操作技术。 2. 熟练掌握容量瓶和移液管的使用。 3. 掌握配制与标定 EDTA 标准溶液的方法和操作。 4. 掌握配位滴定法测定水中钙、镁含量的原理和方法。 5. 了解 $AgNO_3$ 标准溶液的配制和标定。 6. 掌握用莫尔法进行沉淀滴定的原理、方法和实验操作
2	水硬度测定	A	
3	氯含量测定	A	

三、综合性实验练习

（三）碳酸钠制备及混合碱含量测定			
序号	内容	类别	说明和建议
1	碳酸钠制备	A	1. 掌握碳酸钠的制备方法。 2. 熟悉双指示剂法
2	双指示剂法测定混合碱含量	B	

（四）硫酸亚铁铵制备及亚铁含量测定			
序号	内容	类别	说明和建议
1	硫酸亚铁铵的制备	A	1. 掌握硫酸亚铁铵的制备方法。 2. 掌握目视比色法测铁含量的原理和方法。 3. 掌握氧化还原滴定法的原理和方法。 4. 熟悉重铬酸钾废液处理的意义
2	硫酸亚铁铵的纯化和铁含量测定	A	
3	亚铁含量测定	A	
（五）硫酸铜的提纯及硫酸铜中铜含量的测定			
1	重结晶法纯化硫酸铜	A	1. 掌握重结晶法的实验操作。 2. 掌握硫代硫酸钠的配制与标定方法。 3. 了解间接碘量法的操作与原理。 4. 了解氧化还原滴定法在农林相关领域中的应用
2	硫代硫酸钠溶液的配制与标定	A	
3	铜含量的测定	B	

四、仪器分析方法

（六）分光光度法测定铁含量			
序号	内容	类别	说明和建议
1	吸收曲线的绘制	B	1. 熟悉比色法测定铁含量的原理、方法和基本操作技术。 2. 掌握分光光度计的使用。 3. 了解光学分析法在农林相关领域中的应用
2	标准曲线的绘制	A	
3	未知样品中铁含量的测定	A	
（七）弱酸解离平衡常数的测定			
1	不同浓度醋酸溶液配制	A	1. 熟练掌握酸度计的使用。 2. 了解利用不同酸度溶液测定醋酸解离平衡常数的方法。 3. 了解电化学分析方法在农林相关学科中的应用
2	醋酸溶液 pH 测定	A	
3	实验数据处理	A	

（八）虚拟仿真实验			
序号	内容	类别	说明和建议
1	气相色谱	B	1. 了解气相色谱分离原理。 2. 了解气相色谱仪的组成
2	液相色谱	B	1. 了解液相色谱分离原理。 2. 了解液相色谱仪的组成

五、实验课程考核

（九）基础操作考核

序号	内容	类别	说明和建议
1	电子分析天平的使用	B	1. 考查熟练使用电子分析天平的操作能力。 2. 考查准确配制溶液的能力。 3. 考核滴定分析仪器操作能力及数据处理能力
2	准确浓度溶液的配制	B	
3	未知溶液浓度测定	B	

（十）综合性实验考核

序号	内容	类别	说明和建议
1	实验方案设计	A	1. 考查综合设计实验的能力。 2. 训练独立分析问题和解决问题的能力。 3. 训练数据记录和处理的规范性
2	标准溶液的配制	A	
3	样品测定	A	
4	实验数据处理	A	

物理化学

一、课程的地位、作用和任务

（1）地位　物理化学是化学的理论基础，概括地说，是从研究化学现象和物理现象之间的相互联系入手，用物理学和数学的原理和方法来研究化学中最基本的规律和理论的一门学科。物理化学是化学学科中的哲学，研究化学变化和物理变化过程的普遍规律，被称为理论化学。

（2）作用　物理化学课程是应用化学、制药工程、药学、农业资源与环境、食品科学、食品安全、生物科学、生物技术、生物工程、环境科学等专业的必修课。该课程教学不仅有助于学生掌握变化过程的科学规律，构建专业学科学习的理论基础，而且有助于学生树立正确的自然观、掌握科学的方法论，同时对培养学生的创造性思维、创新能力、科学思维能力和提高学生素质有重要的作用。

（3）任务　通过物理化学课程的教学，使学生建立一个系统、完整的物理化学基本理论和基本方法的框架，掌握热力学、动力学、电化学中的普遍规律和实验方法，同时得到一般科学方法的训练和逻辑思维能力的培养。这种训练和培养应贯穿在课堂教学的整个过程中，使学生体会和掌握怎样由实验结果出发进行归纳和演绎，或由假设和模型上升为理论，并掌握结合具体条件用理论解决实际问题的方法。在传授知识的同时，培养学生勤奋学习、求真、求实、科学严谨的优良品德和科学精神，实现知识、能力、素养的协调发展。

二、教学内容基本要求

农林类学科物理化学的教学内容分为 A、B 两类。其中：A 为核心内容，共 47 条；B 为扩展内容，共 38 条。建议至少匹配 54 学时，各校可根据专业实际情况酌情增加学时。

三、能力与素质培养基本要求

学生通过物理化学课程的学习，除了记忆和理解物理化学的概念、原理和公式等基础知识和基本理论外，还应形成以下能力和素质：

① 初步构建物理化学的知识体系，能够对物理化学的概念、原理和方法进行归类、分析、对比并建立相互联系，形成系统的知识框架。

② 能够以物理化学的学科视角和方法进行观察、分析和预测，能够通过简化和近似概括特征建立模型并进行理论处理，形成系统的物理化学学科思维。

③ 能够对现有概念、原理和方法进行批判性思考，说明其合理性与不足、应用条件及局限性，并提出个人观点，体现批判和创新意识。

④ 能够从所属专业研究和生产生活中发现科学现象，提出科学问题，利用物理化学原理和方法进行解释、研究、分析、判断和解决相关问题并做出预测。

⑤ 能够综合运用物理化学及其他相关学科的知识和原理，设计灵活多样的问题解决方案，并对方案的可行性和局限性进行评价，明确个人的义务和责任。

⑥ 能够利用计算机和信息技术有效获取和处理信息，通过自主学习不断适应专业技术和经济社会发展需要。

四、教学过程基本要求

（1）基本原则　以立德树人为根本，将知识传授、能力培养和价值塑造有机融合，促进学生知识、能力、素质协调发展；认真贯彻以学生为主体、教师为主导的教学思想，积极进行教学改革，有效提升课程的高阶性、创新性和挑战性，努力构建一个有利于学生个性发展和创造能力培养的物理化学课程教学体系；加强学生在课程教学过程中的参与度，鼓励学生自学。

（2）教学方法　采用启发式、讨论式、开放式、MOOC（慕课）、翻转课堂等多种教学方法，引导学生深入思考，强化发散思维训练。

（3）教学手段　采用多媒体与板书相结合的课堂教学方法。课堂教学与实验教学相结合，增加感性知识，激发学生的学习兴趣。推进线下教学与线上教学相结合，增强教学效果。

（4）习题与考核　保证课上与课下一定的习题数量，习题的选取符合教学要求的基本习题训练，降低技巧性习题的要求，精选出既能培养学生分析问题和解决问题的能力、巩固所学知识，又较贴近实际应用、可激发学生学习兴趣的作业与平时考核。考核方式以闭卷考试为主，同时探索体现素质教育特征的考核方式。

五、有关说明

（1）适用对象　本教学基本要求适用于一般农林院校开设物理化学课程的农学、生物学、食品科学等各本科专业，是学生学习本课程的基本要求。各院校可以根据学校人才培养目标与专业特点，适当增加某些内容和提高某些教学要求。

（2）开设时间　本课程建议二年级第一学期开设。

附表　　教学内容基本要求

一、气体的 *pVT* 关系

<table>
<tr><th>序号</th><th>内容</th><th>类别</th><th>说明和建议</th></tr>
<tr><td>1</td><td>理想气体状态方程</td><td>B</td><td rowspan="5">1. 熟练掌握理想气体状态方程。
2. 掌握理想气体的宏观定义及微观模型。
3. 掌握分压、分体积概念及计算。
4. 了解真实气体与理想气体的偏差及临界现象。
5. 掌握饱和蒸气压概念</td></tr>
<tr><td>2</td><td>理想气体混合物</td><td>B</td></tr>
<tr><td>3</td><td>真实气体的液化及临界参数</td><td>B</td></tr>
<tr><td>4</td><td>真实气体状态方程</td><td>B</td></tr>
<tr><td>5</td><td>对应状态原理及普遍化压缩因子图</td><td>B</td></tr>
</table>

二、热力学第一定律

序号	内容	类别	说明和建议
1	基本概念及术语	A	1. 了解系统与环境、状态、过程、状态函数与途径函数等基本概念，以及可逆过程的概念。 2. 熟练掌握热力学第一定律的文字表述和数学表达式。 3. 熟悉功、热、热力学能、焓、热容、摩尔相变焓、标准摩尔反应焓、标准摩尔生成焓、标准摩尔燃烧焓等概念。 4. 掌握热力学第一定律在纯 pVT 变化、相变化及化学变化中的应用，掌握计算各种过程的功、热、热力学能变、焓变的方法。 5. 了解热力学相关理论在生命科学领域和农业生产中的应用
2	热力学第一定律	A	
3	恒容热、恒压热及焓	A	
4	摩尔热容	A	
5	相变焓	A	
6	化学反应焓	A	
7	标准摩尔反应焓的计算	A	
8	可逆过程与可逆体积功	A	
9	节流膨胀与焦耳－汤姆孙实验	A	

三、热力学第二定律

序号	内容	类别	说明和建议
1	热力学第二定律	A	1. 了解自发过程、卡诺循环、卡诺定理。 2. 掌握热力学第二定律的文字表述和数学表达式。 3. 了解熵、亥姆霍兹函数、吉布斯函数的定义，掌握熵增原理、熵判据、亥姆霍兹函数判据、吉布斯函数判据。 4. 掌握物质在 pVT 变化、相变化中熵、亥姆霍兹函数、吉布斯函数的计算及热力学第二定律的应用。 5. 了解热力学第三定律，熟悉标准摩尔反应熵定义及计算。 6. 熟练掌握主要热力学公式的推导和适用条件。 7. 了解热力学基本方程和麦克斯韦关系式。 8. 了解热力学相关理论在生命科学领域和农业生产中的应用
2	卡诺循环与卡诺定理	B	
3	熵与克劳修斯不等式	A	
4	熵变的计算	A	
5	热力学第三定律及化学变化过程熵变的计算	A	
6	亥姆霍兹函数和吉布斯函数	A	
7	热力学第二定律在单组分系统相平衡中的应用	B	

四、多组分系统热力学

序号	内容	类别	说明和建议
1	偏摩尔量	A	1. 了解混合物与溶液的区别，掌握各种组成表示之间的换算。 2. 熟悉拉乌尔定律和亨利定律，掌握其有关计算。 3. 了解稀溶液的依数性及其应用。 4. 了解偏摩尔量及化学势的概念及化学势判据的使用。 5. 了解理想液态混合物的定义及混合性质。 6. 了解理想气体、真实气体、理想液态混合物、理想稀溶液中各组分化学势的表达式。 7. 了解活度及活度系数的概念，以及真实理想液态混合物、真实溶液中各组分化学势的表达式。 8. 熟悉运用化学势和溶液依数性解释相关农业现象及其在农业领域的应用
2	化学势	A	
3	气体组分的化学势	A	
4	逸度及逸度因子	B	
5	拉乌尔定律和亨利定律	A	
6	理想液态混合物	A	
7	理想稀溶液	A	
8	活度及活度因子	B	
9	稀溶液的依数性	A	

五、化学平衡

序号	内容	类别	说明和建议
1	化学反应的方向及平衡条件	B	1. 了解摩尔反应吉布斯函数、标准摩尔反应吉布斯函数、标准摩尔生成吉布斯函数的定义及应用。 2. 掌握标准平衡常数的定义，了解等温方程和范特霍夫方程的推导及应用。 3. 熟练掌握平衡常数及平衡组成的计算方法，了解温度、压力、组成等因素对平衡的影响。 4. 了解化学平衡在农业生产中的作用及应用
2	理想气体反应的等温方程及标准平衡常数	B	
3	平衡常数及平衡组成的计算	B	
4	温度对标准平衡常数的影响	B	
5	其他因素对理想气体反应平衡移动的影响	B	
6	同时反应平衡组成的计算	B	
7	真实气体反应的化学平衡	B	

六、相平衡

序号	内容	类别	说明和建议
1	相律	A	1. 了解相律的含义和推导，掌握其应用。 2. 了解克拉佩龙方程、克劳修斯－克拉佩龙方程，掌握其计算。 3. 掌握单组分系统、二组分气－液平衡系统和二组分凝聚系统典型相图的分析和应用。
2	热力学基本方程及麦克斯韦关系式	A	
3	单组分系统相图	A	
4	二组分系统理想液态混合物气－液平衡相图	A	
5	二组分真实液态混合物气－液平衡相图	A	
6	精馏原理	A	

续表

序号	内容	类别	说明和建议
7	二组分液态部分互溶及完全不互溶系统的气－液平衡相图	B	4. 了解由实验数据绘制简单相图的方法。 5. 了解农业生产中的相平衡
8	二组分固相不互溶系统液－固平衡相图	B	
9	生成化合物的二组分凝聚系统相图	B	
10	二组分固态互溶系统液－固平衡相图	B	

七、化学动力学

序号	内容	类别	说明和建议
1	化学反应的反应速率及速率方程	A	1. 熟悉化学反应速率、基元反应及反应分子数的概念。 2. 熟悉反应速率常数以及反应级数的概念。 3. 掌握通过实验确立速率方程的方法。 4. 熟练掌握零级、一级、二级反应的速率方程及其应用。 5. 了解典型复杂反应的特征。 6. 了解处理对并列反应、平行反应和连串反应的动力学方法。 7. 了解定态近似法、平衡态近似法及速率决定步骤等处理复杂反应的近似方法。 8. 了解阿伦尼乌斯方程的含义，并掌握其应用。 9. 了解活化能及指前因子的含义。 10. 了解链反应及光化学反应的特点。 11. 了解催化剂的作用及特点。 12. 了解化学反应动力学在生命科学领域和农业生产中的应用，了解生物催化剂（酶）的特性和作用机制
2	速率方程的积分形式	A	
3	速率方程的确定	A	
4	温度对反应速率的影响、活化能	A	
5	典型复合反应	A	
6	复合反应速率的近似处理法	A	
7	链反应	A	
8	气体反应的碰撞理论	B	
9	势能面与过渡状态理论	B	
10	溶液中反应	B	
11	光化学	B	
12	催化作用的通性	B	
13	酶催化反应	B	
14	多相催化反应	B	

八、电化学

序号	内容	类别	说明和建议
1	电极过程、电解质溶液及法拉第定律	A	1. 了解表征电解质溶液导电性质的物理量（电导、电导率、摩尔电导率、电迁移率、迁移数）。 2. 了解离子平均活度及平均活度系数的定义，并掌握其计算。 3. 了解离子强度的定义。 4. 了解可逆电池的概念及能斯特方程的推导，并掌握其应用。
2	离子的迁移数	A	
3	电导、电导率和摩尔电导率	A	
4	电解质溶液的活度、活度因子及德拜－休克尔极限公式	A	

续表

序号	内容	类别	说明和建议
5	可逆电池及其电动势的测定	A	5. 熟悉电池电动势与热力学函数的关系及其计算。 6. 掌握常用电极符号、电极反应及其电极电势的计算，掌握电池电动势的计算及其应用。 7. 熟悉原电池的设计原理。 8. 了解农业生产中及生命科学领域的电现象，并能用有关理论解释
6	原电池热力学	A	
7	电极电势和液体接界电势	A	
8	电极的种类	A	
9	原电池设计举例	B	
10	分解电压	B	
11	极化作用	B	
12	电解时的电极反应	B	

九、界面现象

序号	内容	类别	说明和建议
1	界面张力	A	1. 熟悉表面张力及表面吉布斯函数的概念。 2. 了解接触角、润湿、附加压力的概念及其与表面张力的关系。 3. 了解拉普拉斯公式及开尔文公式的应用。 4. 了解亚稳状态与新相生成的关系。 5. 熟悉物理吸附与化学吸附的含义和区别。 6. 了解兰格缪尔单分子层吸附理论及兰格缪尔吸附等温式。 7. 了解气 – 液界面的吸附及表面活性物质的作用与应用。 8. 了解吉布斯吸附公式的含义和应用。 9. 了解临界胶束浓度和亲水亲油平衡的定义及应用。 10. 熟悉界面理论，并能解释农业生产中及生命科学领域的有关现象。 11. 掌握乳状液与微乳液的基本原理、制备方法及表征手段。 12. 掌握两亲分子有序组装体的基本原理
2	弯曲液面的附加压力及其后果	A	
3	固 – 气表面	A	
4	固 – 液界面	A	
5	气 – 液表面（包含表面活性剂相关知识）	A	
6	乳状液与微乳液	B	
7	两亲分子的有序组装体	B	

十、胶体化学

序号	内容	类别	说明和建议
1	胶体分散体系、溶胶的制备	B	1. 了解分散体系的分类及胶体的定义。 2. 理解溶胶的光学性质、动力学性质和电学性质。 3. 熟悉胶团的结构和胶体稳定性与聚沉作用。 4. 熟悉胶体理论，能够解释农业生产中的相关现象，并掌握其应用
2	溶胶的光学性质	B	
3	溶胶的动力学性质	B	
4	溶胶的电学性质	B	
5	溶胶的稳定与聚沉	B	

物理化学实验

一、课程的地位、作用和任务

（1）地位 物理化学实验是化学实验课程的一个重要分支。它综合了化学领域中各分支所需的基本实验工具和研究方法，主要是应用物理学原理与技术，使用仪器或若干仪器组合成的测量体系，对系统的某一物理化学性质进行测量，进而研究化学问题。其研究方法和实验技能是化学工作者所必须具备的基本功。物理化学实验是高等农林院校相关专业的重要基础课程之一，它与物理化学理论课程教学紧密结合。通过物理化学实验课程教学，不仅能够加深学生对理论知识的理解和应用，还能够培养学生的实践能力和科学习惯。

（2）作用 物理化学实验课程是应用化学、制药工程、药学、农业资源与环境、食品科学、食品安全、生物科学、生物技术、生物工程、环境科学等专业的必修课，它对于学生知识巩固、能力和素质的培养与提高起着非常重要的作用。物理化学实验课程可以培养学生观察问题、提出问题、分析问题和解决问题的能力，使学生得到综合操作训练，素质和能力得到提高，成为适应现代农林科学发展需要的高素质创新人才。

（3）任务 通过物理化学实验课程教学，形成与高等农林院校食品学科和生物学科等各专业、多学科交叉渗透，培养学生的团队意识和科学品质，使学生具备实事求是、严谨的科学态度和良好的实验素养，提高学生的动手能力和独立工作能力，使学生逐步学会对实验现象进行观察、分析、归纳和总结。

二、教学内容基本要求

农林类专业物理化学实验的教学内容包括热力学、动力学、电化学、胶体和表面化学等。其中，A 为课程核心内容，包含 6 个实验；B 为扩展内容，包含 16 个实验。建议匹配 48 学时，各校可根据专业实际情况酌情增减学时。

三、能力与素质培养基本要求

通过物理化学实验课程教学，应培养学生以下能力与素质：

① 检验所学基础理论知识的正确性，以达到复习、巩固和加深理解的目的。

② 熟练掌握各种基本操作技术，初步掌握有关参考资料的查阅方法。

③ 学会正确地记录和处理实验数据，以及正确地表达分析结果。

④ 通过设计实验，培养学生的观察问题、分析问题和解决问题的能力，使学生得到全面的训练，具备一定的独立工作能力。

⑤ 培养学生实事求是、严谨的科研作风，以及认真、细致的科学习惯。

⑥ 通过实验过程中的相互配合，培养学生的团队意识，并学会承担相应责任。

⑦ 引导学生树立低碳发展的世界观，践行绿色生活方式。

四、教学过程基本要求

（1）基本原则　以立德树人为根本，着重体现创新、决策、批判性思维、信息素养、团队协作、获取隐性知识和自我管理等意识；认真贯彻以学生为主体、教师为主导的教学思想，运用多种教学方法，有效提升课程的参与性、创新性和挑战性，努力构建一个有利于学生个性发展和创造能力培养的物理化学实验课程教学体系；激发学生的学习兴趣，引导学生思考，培养学生严谨、科学的价值观。

（2）教学方法　主要采用 CDIO 教学、PBL 教学以及传统授课等教学方法。注重培养学生的开拓创新能力。培养学生的自学和分析、解决实际问题的能力。通过发散思维的 PBL 教学，启发学生思考，拓宽学生的知识面。利用 CDIO 教学模式，引导学生将知识点与其专业有机地结合，通过查阅文献自行设计解决方案以及方法步骤，进一步将所学理论知识与实际应用相结合，提高自学能力。

（3）教学手段 利用信息技术进行交互式教学，结合信息化手段，在教学平台，班级 QQ 群、微信群等，实行线上线下混合式教学。

（4）习题与考核 针对物理化学实验课程的特点，每次实验课结束后，布置的习题和作业主要包括两部分内容：

① 认真总结本次实验课，完成实验报告，并完成与实验原理、实验现象、操作注意事项等有关的引申思考题和习题。

② 预习下次实验课，清楚下次实验课的实验目的、实验步骤以及实验方法。

通过作业和习题的布置，培养学生独立思考，解决专业问题的能力。

物理化学实验课的期末成绩以平时成绩为依据进行评定。每个实验的平时成绩都以等级成绩进行评定，评定内容包括：出勤、预习、课堂表现、动手操作、报告撰写与上交以及打扫卫生等综合情况。实验报告的撰写主要包括：实验报告撰写的完整程度、数据的记录与处理、讨论与思考。实验结束后对平时成绩进行统计分析，评定最终的实验成绩，其中：A 为优秀，B 为良好，C 为中等，D 为及格，E 为不及格。

五、有关说明

（1）适用对象 本教学基本要求适用于一般农林院校开设物理化学实验课程的农业资源与环境、生物学、食品科学、环境科学等各本科专业，是学生学习本课程的基本要求。各院校可以根据学校人才培养目标与专业特点，适当增加某些教学内容和提高某些教学要求。

（2）开设时间 本课程建议二年级第二学期开设。

附表 教学内容基本要求

一、燃烧热的测定

序号	内容	类别	说明和建议
1	测量样品的燃烧热	A	1. 熟悉热量的测定方法。 2. 了解燃烧热的基本概念，学习氧弹热量计的基本操作。 3. 结合燃烧热了解秸秆焚烧的危害
2	钢瓶的相关知识	A	
3	温度的校正	A	
4	氧弹热量计的结构及测定燃烧热的原理和技术	A	

二、凝固点降低法测定摩尔质量

序号	内容	类别	说明和建议
1	测定溶液的凝固点降低值	A	1. 掌握凝固点降低法测定物质摩尔质量的原理和方法。 2. 掌握凝固点的测定技术。 3. 了解生活中典型的凝固点降低实例
2	计算物质的摩尔质量	A	

三、二元气液相图

序号	内容	类别	说明和建议
1	测定二组分气液平衡的温度组成相图	A	1. 掌握折光仪的使用方法。 2. 掌握气液二组分相图的测定方法。 3. 巩固相图、相律的知识
2	了解溶液组成表示方法，进行溶液的配制	A	

四、原电池电动势的测定及应用

序号	内容	类别	说明和建议
1	测定原电池的电动势	A	1. 掌握对消法的原理。 2. 掌握电位差计的使用方法。 3. 学会制备电极和盐桥
2	制备电极和盐桥	A	
3	使用电位差计	A	

五、旋光法测定蔗糖水解反应速率常数

序号	内容	类别	说明和建议
1	配制蔗糖标准溶液	A	1. 了解旋光仪的构造，掌握其使用。 2. 了解反应物与旋光度之间的关系。 3. 掌握通过作图求反应速率常数的方法
2	量取盐酸溶液	A	
3	用旋光仪测旋光度	A	
4	作图得到反应速率常数	A	

六、最大气泡法测定溶液表面张力

序号	内容	类别	说明和建议
1	配制溶液	A	1. 掌握最大气泡法测定表面张力的原理和技术。 2. 掌握测定不同浓度溶液表面张力的方法。 3. 结合农业生产了解表面张力知识在农业领域中的应用
2	测定各浓度溶液的最大压力差	A	
3	计算表面张力	A	

七、溶解热的测定

序号	内容	类别	说明和建议
1	电热补偿法测定物质积分溶解热	B	1. 了解溶解热测定装置。 2. 掌握电热补偿法
2	作图求微分溶解热等	B	

八、乙酸乙酯皂化反应速率常数的测定

序号	内容	类别	说明和建议
1	测定不同反应时刻反应液的电导率	B	1. 掌握通过作图求二级反应速率常数的方法。 2. 掌握电导率仪的使用方法。 3. 了解反应活化能的测定方法
2	作图求反应速率常数	B	

九、液体饱和蒸气压的测定

序号	内容	类别	说明和建议
1	测定样品的饱和蒸气压	B	1. 了解克劳修斯–克拉佩龙方程。 2. 掌握饱和蒸气压的测定方法
2	计算摩尔汽化焓	B	

十、丙酮碘化反应分级数及速率常数的测定

序号	内容	类别	说明和建议
1	配制溶液	B	1. 掌握分光光度计的使用。 2. 熟悉分光光度法测定化学反应动力学特征的方法。 3. 了解孤立法测定化学反应级数的使用
2	测定各溶液吸光度	B	

十一、黏度法测高分子化合物相对分子质量

序号	内容	类别	说明和建议
1	测定高分子化合物的相对分子质量	B	1. 掌握乌贝路德黏度计测定黏度的原理和方法。 2. 掌握测定高分子化合物相对分子质量的方法

十二、电泳

序号	内容	类别	说明和建议
1	进行氢氧化铁胶体的电泳	B	1. 掌握氢氧化铁胶体的制备及纯化方法。 2. 掌握电泳操作。 3. 了解测定溶胶聚沉值的方法

十三、液体黏度和密度的测定

序号	内容	类别	说明和建议
1	配制溶液	B	掌握黏度计和比重瓶的使用方法
2	测定各溶液黏度和密度	B	

十四、差热分析

序号	内容	类别	说明和建议
1	绘制五水硫酸铜的差热曲线	B	1. 掌握差热分析的原理和方法。 2. 了解差热分析仪的构造，熟悉其操作。 3. 了解差热图谱

十五、偶极矩的测定

序号	内容	类别	说明和建议
1	测定分子偶极矩	B	1. 掌握溶液法测定偶极矩的原理和方法。 2. 了解偶极矩与分子电性之间的关系。 3. 了解测定分子的介电常数和偶极矩的方法

十六、B-Z 振荡反应

序号	内容	类别	说明和建议
1	测定电位-时间曲线	B	1. 了解 B-Z 振荡反应的基本原理。 2. 了解通过电位-时间曲线求振荡反应表观活化能的方法

十七、循环伏安法测定电极反应

序号	内容	类别	说明和建议
1	绘制不同浓度 $K_3Fe(CN)_6$ 溶液的循环伏安曲线图	B	1. 了解循环伏安法测定电极反应的基本原理和方法。 2. 熟悉电化学工作站的使用，能够根据所测数据验证并判断电极反应是否是可逆反应
2	绘制不同浓度坏抗血酸溶液的循环伏安曲线图	B	
3	测定未知溶液中抗坏血酸的浓度	B	

十八、电化学法测定牛奶中钙离子的含量

序号	内容	类别	说明和建议
1	测定钙离子的标准曲线	B	1. 了解离子选择性电极的基本性能及测试方法。 2. 熟悉钙离子选择性电极测定钙离子浓度的基本原理。 3. 掌握钙离子选择性电极的使用方法
2	测定牛奶中钙离子的含量	B	

十九、溶液电导率的测定及应用

序号	内容	类别	说明和建议
1	测定不同溶液的电导率	B	1. 了解强电解质溶液的摩尔电导率与其浓度的关系。 2. 掌握电导法测定 HAc 电离常数的原理和方法。 3. 掌握电导率测定的原理与电导率仪的使用方法
2	比较自来水和电导水的电导率差异	B	

二十、固体在溶液中吸附量的测定

序号	内容	类别	说明和建议
1	测定活性炭在醋酸溶液中的吸附量	B	掌握作图法求吸附等温线及等温式中经验常数的方法

二十一、配合物的组成及稳定常数的测定

序号	内容	类别	说明和建议
1	双浓曲线实验测定方法	B	1. 掌握分光光度法测定配合物组成及稳定常数的基本原理与方法。 2. 熟悉配位反应自由能变化值的计算方法

二十二、纳米乳液的制备、表征及粒径调控

序号	内容	类别	说明和建议
1	纳米乳液的制备	B	1. 了解乳状液的概念及特点。 2. 掌握相转变组成法制备纳米乳液的方法及影响因素。 3. 了解无机盐对纳米乳液粒径和 ζ 电位的影响规律和可能作用机制
2	纳米乳液的表征	B	

高等农林院校力学类

基础课程教学基本要求

理论力学

一、课程的性质和任务

理论力学是各门力学课程的基础，同时是一门对工程对象进行静力学、运动学与动力学分析的技术基础课，在诸多工程技术领域有着广泛的应用。本课程的任务是使学生掌握质点、质点系、刚体和刚体系机械运动（包括平衡）的基本规律和研究方法，为学习相关的后继课程以及将来学习和掌握新的科学技术打好必要的基础；使学生初步学会应用理论力学的理论和方法分析、解决一些简单的工程实际问题；结合课程的特点，培养学生科学的思维方式和正确的世界观，培养学生抽象、建模、逻辑演绎和深度思考的能力；塑造学生工程伦理、大国工匠精神和科技报国的情怀；滋养农林院校学生“知农爱农”和“强国强农”的价值观。

二、课程基本概况

1. 授课对象：农业工程、林业工程；兼顾机械工程、土木工程、能源与动力工程、环境工程等。

2. 讲课学时：64 学时；兼顾 48 学时以上。

3. 先修课程：高等数学、大学物理、矢量分析。

三、课程内容与学时配置

课程内容与学时配置

章节名称	教学要求	学时	备注
第一章：静力学公理和物体的受力分析	1. 掌握静力学公理和约束的概念。 2. 掌握物体的受力分析	3	1. 力学史与科学精神。 2. 农耕文明的力学贡献。 3. 国计民生中力学难题
第二章：平面力系	1. 掌握平面力系（汇交、力偶、任意）的合成、等效方法和平衡计算。 2. 掌握平面桁架的两种内力计算方法	8	1.《天鹅、大虾和梭鱼》的合力。 2. 超静定：留有余地，打出富余。 3. 桥梁例题：钱塘江大桥的建造—炸毁—再建造的历史。 4. 农业装备例题和习题
第三章：空间力系	1. 掌握空间力系（汇交、力偶、任意）的合成、等效方法和平衡计算。 2. 了解重心的概念	5	1. 中国古代空间建筑。 2. 古代榫卯结构。 3. 攲器与重心：满招损谦受益。 4. 农业装备例题和习题
第四章：摩擦	1. 掌握摩擦角和自锁的概念。 2. 会求解含摩擦的平衡问题	3	1. 古人利用和减少摩擦的农具。 2. 从滚动摩擦到高铁车轮。 3. 自锁——人生启示
第五章：点的运动学	掌握点运动描述的三种方法	1.5	1. 矢字甲骨文与字形演变。 2. 旋轮线的发展历史和科学精神
第六章：刚体的简单运动	1. 掌握刚体简单运动描述方法。 2. 掌握角量和线量的矢量表述	1.5	1. 平移：振动筛的农业运用。 2. 从简单到复杂的科学积累：打好基础，一步一个脚印
第七章：点的合成运动	1. 掌握点的速度和加速度合成方法。 2. 掌握柯氏加速度的概念	8	1. 古诗词里的合成运动。 2. 典型机构发明史，促进工匠精神。 3. 科氏力概念发展，滋养科学情怀
第八章：刚体的平面运动	1. 掌握刚体平面运动分解方法。 2. 掌握平面图形内各点速度合成方法（基点法、投影定理、瞬心法）和加速度合成的基点法。 3. 掌握简单机构的运动分析方法	8	1. 中国古代农业的典型平面机构。 2. 平移 + 转动：复杂问题的分解方法。 3. 瞬心有四种确定方法：具体问题具体分析。 4. 农业装备例题和习题

续表

章节名称	教学要求	学时	备注
第九章：质点动力学的基本方程	掌握质点动力学基本方程	2	习近平总书记借用“牛顿力学三定律”阐释对发展中德关系的看法
第十章：动量定理	掌握动量定理、质心运动定理和守恒定理	3	质量与速度乘积，一个为零则全零：人要全面发展
第十一章：动量矩定理	掌握动量矩定理（含对质心的动量矩定理）与刚体平面运动微分方程	6	1. 面积速度定律发现史的科学精神。 2. 把自己放在合适的位置。 3. 农业装备例题和习题
第十二章：动能定理	1. 掌握动能定理(含功率方程)及其对应的守恒定律。 2. 会用动力学普遍方程解决动力学综合问题	8	1. 功的字形演变，久久为功的涵义。 2. 瞬心上力的功：用力位置不正确的功效为零。 3. 农业装备例题和习题
第十三章：达朗贝尔原理	1. 掌握达朗贝尔原理及刚体惯性力系的简化方法。 2. 会用动静法解决动力学综合问题	3	1. 高速机械与动平衡：工匠精神达朗贝尔原理的发展史。 2. 农业装备例题和习题
第十四章：虚位移原理	1. 掌握虚位移的概念。 2. 会用虚位移原理求解平衡问题	4	1. 虚功原理的思维实验。 2. 虚位移原理发展历史。 3. 农业装备例题和习题

四、教学内容与要求*

1. 静力学。

（1）掌握工程对象中力、力矩、力偶等基本概念及其性质。能熟练地计算力的投影、力对点的矩和力对轴的矩，以及力偶矩及其投影。

* 教学内容的要求程度由高到低分为三个层次：
第一层次是“掌握”“熟练”，即无须借助教材能分析解决与课程难度相当的问题。
第二层次是“会”，即借助教材和相关资料能够分析和理解与知识点相关的问题。
第三层次是“了解”，即知道有这个概念，能迅速在教材中找到相应的位置。

（2）掌握约束的概念和各种常见约束力的性质。能熟练地画出单个刚体及刚体系的受力图。

（3）掌握各种类型力系的简化方法和简化结果，包括平行力系中心的概念及其位置计算的方法。掌握力系的主矢和主矩的基本概念及其性质。能熟练地计算各类力系的主矢和主矩。

（4）掌握各种类型力系的平衡条件。能熟练地利用平衡方程求解单个刚体和刚体系的平衡问题。了解结构的静定与静不定概念。

（5）掌握滑动摩擦、摩擦力和摩擦角的概念。了解滚动摩阻的概念。能熟练地求解考虑滑动摩擦时简单刚体系的平衡问题。

2. 运动学。

（1）掌握描述点运动的矢量法、直角坐标法和自然坐标法。会求点的运动轨迹，并能熟练地求解与点的速度和加速度有关的问题。

（2）掌握刚体平移和定轴转动的概念及其运动特征，以及定轴转动刚体的角速度、角加速度以及刚体上各点的速度和加速度的矢量表示法。能熟练地求解与定轴转动刚体的角速度、角加速度以及刚体上各点的速度和加速度有关的问题。

（3）掌握运动合成与分解的基本概念和方法。掌握点作复合运动时的速度合成定理与加速度合成定理及其应用。

（4）掌握刚体平面运动的概念及其特征。掌握速度瞬心的概念及其确定方法。能熟练地求解与平面运动刚体的角速度、角加速度以及刚体上各点的速度和加速度有关的问题。

（5）会综合判定平面机构各构件的运动特征，并会对其进行与角速度、角加速度以及各点的速度和加速度有关问题的分析。

3. 动力学。

（1）掌握建立质点运动微分方程的方法，以及质点动力学基本问题的求解方法。

（2）掌握刚体转动惯量的计算。了解刚体惯性积和惯性主轴的概念，会判定简单情况下刚体的惯性主轴。

（3）能熟练地计算质点系与刚体的动量、动量矩和动能，并能熟练地计算冲量、冲量矩、力的功和势能。

（4）掌握动力学普遍定理（包括动量定理、质心运动定理、对固定点和质心的动量矩定理、动能定理）及相应的守恒定律，并能熟练地综合应用。

（5）掌握建立刚体平面运动动力学方程的方法。会应用刚体平面运动微分方程求解有关简单问题。

（6）掌握达朗贝尔惯性力的概念，掌握刚体平移、具有质量对称面的刚体做定轴转动和平面运动时惯性力系的简化方法及简化结果计算。掌握质点系达朗贝尔原理（动静法），并会综合应用。了解定轴转动刚体动约束力的概念及其消除条件。

（7）掌握虚位移、虚功、自由度、广义坐标和理想约束的概念。掌握质点系虚位移原理，并会综合应用。

五、能力培养的要求

结合本课程的特点，使学生在以下能力方面得到培养：

1. 建模能力：具有将简单实际问题抽象成为质点质点系、刚体或刚体系力学模型的能力，并具有根据力学基本原理建立相应数学模型的能力。

2. 分析能力：具有对力学模型的静力学、运动学与动力学性态进行定性与定量分析的能力。

3. 自学能力：具有借助理论力学教材与相关参考资料自主学习本课程相关知识的能力。

六、价值观与课程思政

1. 凡有利于党的初心和使命（为中国人民谋幸福、为中华民族谋复兴）的均属于课程思政。目标包括“方向正确”和“有效率”。价值观侧重“方向正确”，“有效率”侧重“知识和能力”；课程思政是“方向正确”和“有效率”均要有保证。

2. 课程教学中将把马克思主义立场观点方法的教育与科学精神的培养结

合起来，提高学生正确认识问题、分析问题和解决问题的能力。注重强化学生工程伦理教育，培养学生精益求精的大国工匠精神，激发学生科技报国的家国情怀和使命担当，包括科学精神、工匠精神、专业情怀、深度思维能力、力学之美、力学之用等。

3. 针对农林院校的特殊性，强化具有农林特色的课程思政。

4. 挖掘中华民族的农林力学史优秀传统文化要素，并融入教材。

材料力学（土木类）

一、课程的性质和任务

材料力学是为工程构件设计提供理论支撑的重要基础学科，其注重理论与实践相结合，是高等农林院校土木类专业的一门必修基础课程，是学生进行后续专业课程学习的基础，也是相关学科科学研究的重要基础。它的概念、判断和推理，具有高度的抽象性和严密的逻辑性，它的内容和结论深入揭示了杆件在承受各种载荷时的变形和破坏规律，广泛和深入地渗透到土木类学科工程机构设计的基本方法中。材料力学的任务是研究杆件在承受各种载荷时的变形等力学性能。通过学习本课程，学生可以掌握将工程实际构件抽象为力学模型的方法；掌握研究杆件内力、应力、变形分布规律的基本原理和方法；掌握分析杆件强度、刚度和稳定性问题的理论与计算；具有熟练的计算能力和一定的实验能力；为后续相关课程的学习，以及进行构件设计和科学研究打好力学基础，培养构件分析、计算和实验分析等方面的能力。它的学习过程是思维训练的过程，也是培养学生科学素养的过程；同时，还对培养学生辩证唯物主义的世界观和方法论，以及创新能力和创新意识具有重要作用。

二、课程基本概况

1. 授课对象：土木工程、水利水电工程、农业水利工程、农业建筑环境与能源工程等。

2. 讲课学时：64 学时（分上下册）；兼顾 48 学时以上。

3. 先修课程：高等数学、大学物理、理论力学。

三、课程内容与学时配置

课程内容与学时配置

（上册）

课程模块	教学内容与教学要求	学时数	备注
第一章：绪论	1. 了解材料力学的任务。 2. 了解变形固体的基本假设。 3. 掌握内力、外力、应力和应变的概念。 4. 掌握截面法求内力的方法。 5. 了解杆件变形的基本形式	2	展示传统及现代农业建筑、农业工程中优秀的结构设计案例
第二章：拉伸、压缩	1. 轴向拉伸与压缩的概念和实例。 2. 轴向拉伸或压缩时横截面上内力和应力。 3. 了解材料拉伸和压缩时的力学性能。 4. 轴向拉伸或压缩时的变形计算	8	1. 农业建筑、农业工程中的受压梁、柱及其结构设计思想。 2. 树干形态的形成及其承压能力分析
第三章：扭转	1. 掌握外力偶矩的计算及扭矩图。 2.掌握圆轴扭转的应力及变形计算。 3. 了解切应力互等定理及剪切胡克定律。 4. 了解矩形截面杆扭转时的主要结论	6	农业装备中的受扭构件
第四章 A：弯曲内力	1. 了解平面弯曲的概念和内力分析。 2. 掌握剪力、弯矩方程的求法。 3. 掌握剪力、弯矩图的直接画法。 4. 载荷集度、剪力和弯矩间的关系	6	风载荷等作用下农作物茎秆的弯曲问题，以及弯矩分布规律及茎秆形态分析
附录：截面几何性质	1. 掌握图形静矩和形心的概念和计算。 2. 掌握图形惯性矩和惯性积的概念和计算。 3. 掌握平行移轴公式和转轴公式。 4. 熟悉主惯性轴、主惯性矩的概念	2	1. 常见构件的截面形式及其截面几何性质。 2. 常见农作物的横截面形式
第四章 B：弯曲应力	1. 掌握弯曲正应力和弯曲切应力的计算。 2. 了解提高弯曲强度的措施	6	1. 农业建筑、农业工程中梁的弯曲问题，提高弯曲强度的措施。 2. 风载下常见农作物茎秆的弯曲应力分布规律及其截面形式

续表

课程模块	教学内容与教学要求	学时数	备注
第五章：弯曲变形	1. 了解梁的转角和挠度的概念。 2. 掌握积分法求变形的方法。 3. 掌握叠加法求挠度和转角的方法	4	农业建筑、农业装备中的弯曲变形问题
第六章：简单的静不定问题	1. 了解静不定问题的概念。 2. 掌握拉压静不定问题的求解方法。 3. 掌握扭转静不定问题的求解方法。 4. 掌握简单超静定梁的求解方法	4	常见农业装备的超静定问题
第七章：应力分析与强度理论	1. 了解应力状态、主应力和主平面的概念。 2. 掌握平面应力状态的解析法和图解法。 3. 掌握简单三向应力状态主应力的求解。 4. 掌握广义虎克定律及其应用。 5. 掌握常用强度理论及各理论的适用范围	8	农业装备疲劳破坏问题
第八章：组合变形与剪切，挤压	1. 掌握组合变形问题的分析方法。 2. 掌握单向应力问题（斜弯曲、拉弯组合）。 3. 掌握二向应力问题（弯扭组合、组合变形的一般情况）。 4. 掌握剪切挤压问题的工程实用计算方法	8	农业装备中典型的组合变形构件
第九章：压杆稳定	1. 了解压杆稳定性概念。 2. 掌握欧拉公式的推导和应用。 3. 了解临界应力总图，掌握欧拉公式、经验公式、折减系数法的应用。 4. 掌握压杆的稳定校核	6	农作物茎秆的稳定性问题

（下册）

课程模块	教学内容与教学要求	学时数	备注
第十章：动载荷	1. 掌握惯性力问题的处理方法。 2. 掌握冲击问题的分析计算	2	农业装备相关冲击问题
第十一章：交变应力	1. 了解交变应力的概念。 2. 掌握对交变载荷的描述。 3. 掌握持久极限的概念及影响因素	2	农业装备相关疲劳问题

四、教学内容与要求

（一）基本部分

1. 理解材料力学的任务、变形固体的基本假设和基本变形的特征。掌握正应力和切应力、正应变和切应变的概念。

2. 掌握截面法。能熟练地运用截面法求解杆件（一维构件）各种变形的内力（轴力、扭矩、剪力和弯矩）及内力方程。掌握弯曲时的载荷集度、剪力和弯矩的微分关系及其应用。能熟练地绘制内力图。

3. 掌握本课程中运用变形协调关系、物理关系和静力学关系解决问题的基本分析方法。

4. 轴向拉伸与压缩。

（1）掌握直杆在轴向拉伸与压缩时横截面、斜截面上的应力计算。了解安全因数及许用应力的确定。能熟练地进行强度校核、截面设计和许用载荷的计算。

（2）掌握胡克定律。了解泊松比。掌握直杆在轴向拉伸与压缩时的变形和应变计算。了解拉压应变能的计算。

（3）掌握求解拉压杆件一次超静定问题的方法。了解温度应力和装配应力的计算。

（4）掌握应力集中的概念。了解圣维南原理。

5. 剪切与挤压。掌握剪切和挤压（工程）实用计算。

6. 扭转。

（1）掌握扭转时外力偶矩的换算。掌握薄壁圆筒扭转时的切应力计算。掌握切应力互等定理和剪切胡克定律。

（2）掌握圆轴扭转时的应力与变形计算。能熟练地进行扭转的强度和刚度计算。

（3）理解扭转超静定问题、非圆截面杆扭转时的切应力概念和扭转应变能的计算。

7. 截面几何性质。掌握平面图形的形心、静矩、惯性矩、极惯性矩和平行移轴公式的应用。了解转轴公式。掌握平面图形的形心主惯性轴、形心主惯性平面和形心主惯性矩的概念。

8. 弯曲。

（1）掌握纯弯曲、平面弯曲、对称弯曲和横力弯曲的概念。掌握弯曲正应力和切应力的计算。能熟练地进行弯曲强度计算。了解提高梁弯曲强度的措施。

（2）掌握梁的挠曲线近似微分方程和积分法。掌握叠加法求梁的挠度和转角。能熟练地进行刚度计算。了解提高梁弯曲刚度的措施。掌握一次超静定梁的求解。了解弯曲应变能的计算。

9. 应力状态与强度理论。

（1）理解应力状态的概念。掌握平面应力状态下应力分析的解析法及图解法。了解三向应力状态的概念。掌握主应力、主平面和最大切应力的计算。

（2）掌握广义胡克定律。了解体积应变、三向应力状态下的应变能密度、体积改变能密度和畸变能密度的概念。

（3）理解强度理论的概念。掌握四种常用强度理论及其应用。了解莫尔强度理论。

10. 组合变形。理解组合变形的概念。掌握杆件的斜弯曲、拉伸（压缩）和弯曲、扭转与弯曲组合变形的应力与强度计算。

11. 能量法。理解各种变形的应变能计算。掌握莫尔定理或卡氏第二定理的应用。

12. 压杆稳定。掌握压杆稳定性的概念、细长压杆的欧拉公式及其适用范围。掌握不同柔度压杆的临界应力和安全因数法的稳定性计算。了解提高压杆稳定性的措施。

13. 材料力学实验分析。理解低碳钢和铸铁材料的拉伸、压缩和扭转实验方法。掌握材料拉伸、压缩、扭转的力学性能。

（二）专题部分

1. 薄壁截面直杆的自由扭转。掌握开口和闭口薄壁截面直杆自由扭转的概念。了解开口和闭口薄壁截面直杆自由扭转时的应力和变形计算。

2. 弯曲问题的进一步研究。

（1）理解梁非对称纯弯曲的概念。掌握非对称纯弯曲梁的正应力计算方法。

（2）掌握开口薄壁截面梁的切应力计算方法。了解开口薄壁截面弯曲中心的概念和一些工程中常用截面弯曲中心位置。

（3）掌握异质材料组合梁在对称弯曲时横截面上的正应力分析。

（4）掌握截面核心的概念和确定方法。

3. 能量法的进一步研究。

（1）理解虚功原理、互等定理。掌握单位载荷法和图乘法。

（2）理解对称和反对称性概念。掌握力法及其正则方程求解超静定问题。

4. 压杆稳定问题的进一步研究。理解弹性支承和阶梯状细长压杆临界力的欧拉公式及工程应用。掌握折减系数法。了解纵横弯曲的概念和基本解法。

5. 动载荷和疲劳。

（1）掌握构件作等加速直线运动或匀速转动时的动应力计算。

（2）掌握受冲击载荷作用时的动应力计算。

（3）了解交变应力下材料疲劳破坏的概念和疲劳极限的确定方法。

（4）了解影响构件疲劳极限的主要因素、疲劳强度的计算和提高构件疲劳强度的措施。

6. 应变分析与实验应力分析基础。

（1）掌握平面应变状态下的应变分析理论和应用。

（2）了解应变的测量与应力的计算方法和相关的工程测试技术。

五、能力培养的要求

结合本课程的特点，使学生在以下能力方面得到培养：

1. 建模能力：建立工程构件力学模型的能力，能够根据具体问题选择合理的计算模型。

2. 计算能力：具有对杆件的强度、刚度和稳定性问题的计算能力。

3. 实验分析能力：具有基于材料力学实验现象进行分析总结的能力。

4. 自学能力：具有借助教材与资料自主学习相关知识的初步能力。

六、价值观与课程思政

1. 凡有利于党的初心和使命（为中国人民谋幸福、为中华民族谋复兴）的均属于课程思政。目标包括“方向正确”和“有效率”。价值观侧重“方向正确”，“有效率”侧重“知识和能力”；课程思政是“方向正确”和“有效率”均要有保证。

2. 课程教学中将把马克思主义立场观点方法的教育与科学精神的培养结合起来，提高学生正确认识问题、分析问题和解决问题的能力。注重强化学生工程伦理教育，培养学生精益求精的大国工匠精神，激发学生科技报国的家国情怀和使命担当，包括科学精神、工匠精神、专业情怀、深度思维能力、力学之美、力学之用等。

3. 针对农林院校的特殊性，强化具有农林特色的课程思政。

4. 挖掘中华民族的农林力学史优秀传统文化要素，并融入教材。

材料力学（机械类）

一、课程的性质和任务

材料力学是为工程构件设计提供理论支撑的重要基础学科，其注重理论与实践相结合，是普通高等农林院校机械类专业的一门必修基础课程，是学生进行后续专业课程学习的基础，也是相关学科科学研究的重要基础。它的概念、判断和推理，具有高度的抽象性和严密的逻辑性，它的内容和结论深入揭示了杆件在承受各种载荷时的变形和破坏规律，广泛和深入地渗透到机械类学科工程机构设计的基本方法中。材料力学的任务是研究杆件在承受各种载荷时的变形等力学性能。通过学习本课程，学生可以掌握将工程实际构件抽象为力学模型的方法；掌握研究杆件内力、应力、变形分布规律的基本原理和方法；掌握分析杆件强度、刚度和稳定性问题的理论与计算；具有熟练的计算能力和一定的实验分析能力；为后续相关课程的学习，以及进行构件设计和科学研究打好力学基础，培养构件分析、计算和实验分析等方面的能力。它的学习过程是思维训练的过程，也是培养学生科学素养的过程；同时，还对培养学生辩证唯物主义的世界观和方法论，以及创新能力和创新意识具有重要作用。

二、课程基本概况

1. 授课对象：农业工程、林业工程；兼顾机械工程、车辆工程、能源与动力工程、环境工程、农业智能装备工程等。

2. 讲课学时：64 学时（分上下册）；兼顾 48 学时以上。

3. 先修课程：高等数学、大学物理、理论力学。

三、课程内容与学时配置

（上册）

课程模块	教学内容与教学要求	学时数	备注
第一章：绪论	1. 了解材料力学的任务。 2. 了解变形固体的基本假设。 3. 掌握内力、外力、应力和应变的概念。 4. 掌握截面法求内力的方法。 5. 了解杆件变形的基本形式	2	展示传统及现代先进农业装备中的力学问题
第二章：拉伸、压缩	1. 轴向拉伸与压缩的概念和实例。 2. 轴向拉伸或压缩时横截面上内力和应力。 3. 了解材料拉伸和压缩时的力学性能。 4. 轴向拉伸或压缩时的变形计算	8	1. 树干形态的形成及其承压能力分析。 2. 农业装备中的拉、压构件
第三章：扭转	1. 掌握外力偶矩的计算及扭矩图。 2. 掌握圆轴扭转的应力及变形计算。 3. 了解切应力互等定理及剪切胡克定律（了解改为掌握）。 4. 了解矩形截面杆扭转时的主要结论	6	农业装备中的受扭构件
第四章 A：弯曲内力	1. 了解平面弯曲的概念和内力分析。 2. 掌握剪力、弯矩方程的求法。 3. 掌握剪力、弯矩图的直接画法。 4. 载荷集度、剪力和弯矩间的关系及应用	6	1. 风载荷等作用下农作物茎秆的弯曲问题。 2. 弯矩分布规律及茎秆形态分析
附录：截面几何性质	1. 掌握图形静矩和形心的概念和计算。 2. 掌握图形惯性矩和惯性积的概念和计算。 3. 掌握平行移轴公式和转轴公式。 4. 熟悉主惯性轴、主惯性矩的概念	2	1. 常见构件的截面形式及其截面几何性质。 2. 常见农作物的横截面形式
第四章 B：弯曲应力	1. 掌握弯曲正应力和弯曲切应力的计算。 2. 了解提高弯曲强度的措施	6	1. 农业装备相关弯曲问题，提高弯曲强度的措施。 2. 农作物茎秆的弯曲应力分布及其截面形式
第五章：弯曲变形	1. 了解梁的转角和挠度的概念。 2. 掌握积分法求变形的方法。 3. 掌握叠加法求挠度和转角的方法	4	农业建筑、农业装备中的弯曲变形问题
第六章：简单的静不定问题	1. 了解静不定问题的概念。 2. 掌握拉压静不定问题的求解方法。 3. 掌握扭转静不定问题的求解方法。 4. 掌握简单超静定梁的求解方法	4	常见农业装备的超静定问题

续表

课程模块	教学内容与教学要求	学时数	备注
第七章：应力分析与强度理论	1. 了解应力状态、主应力和主平面的概念。 2. 掌握平面应力状态的解析法和图解法。 3. 掌握简单三向应力状态主应力的求解。 4. 掌握广义胡克定律及其应用。 5. 掌握常用强度理论及各理论的适用范围	8	农业装备疲劳破坏问题
第八章：组合变形与剪切，挤压	1. 掌握组合变形问题的分析方法。 2. 掌握单向应力问题(斜弯曲、拉弯组合)。 3. 掌握二向应力问题（弯扭组合、组合变形的一般情况）。 4. 掌握剪切挤压问题的工程实用计算方法	8	农业装备中典型的组合变形构件
第九章：压杆稳定	1. 了解稳定性概念。 2. 掌握欧拉公式的推导和应用。 3. 了解临界应力总图，掌握欧拉公式、经验公式的适用范围。 4. 掌握压杆的稳定校核	6	农作物茎秆的稳定性问题

（下册）

课程模块	教学内容与教学要求	学时数	备注
第十章：动载荷	1. 掌握惯性力问题的处理方法。 2. 掌握冲击问题的分析计算	2	农业装备相关冲击问题
第十一章：交变应力	1. 了解交变应力的概念。 2. 掌握对交变载荷的描述。 3. 掌握持久极限的概念及影响因素	2	农业装备相关疲劳问题

四、教学内容与要求

（一）基本部分

1. 理解材料力学的任务、变形固体的基本假设和基本变形的特征。掌握正应力和切应力、正应变和切应变的概念。

2. 掌握截面法。能熟练地运用截面法求解杆件（一维构件）各种变形的内力（轴力、扭矩、剪力和弯矩）及内力方程。掌握弯曲时的载荷集度、剪力和弯矩的微分关系及其应用。能熟练地绘制内力图。

3. 掌握本课程中运用变形协调关系、物理关系和静力学关系解决问题的基本分析方法。

4. 轴向拉伸与压缩。

（1）掌握直杆在轴向拉伸与压缩时横截面、斜截面上的应力计算。了解安全因数及许用应力的确定。能熟练地进行强度校核、截面设计和许用载荷的计算。

（2）掌握胡克定律。了解泊松比。掌握直杆在轴向拉伸与压缩时的变形和应变计算。了解拉压应变能的计算。

（3）掌握求解拉压杆件一次超静定问题的方法。了解温度应力和装配应力的计算。

（4）掌握应力集中的概念。了解圣维南原理。

5. 剪切与挤压。掌握剪切和挤压（工程）实用计算。

6. 扭转。

（1）掌握扭转时外力偶矩的换算。掌握薄壁圆筒扭转时的切应力计算。掌握切应力互等定理和剪切胡克定律。

（2）掌握圆轴扭转时的应力与变形计算。能熟练地进行扭转的强度和刚度计算。

（3）理解扭转超静定问题、非圆截面杆扭转时的切应力概念和扭转应变能的计算。

7. 截面几何性质。掌握平面图形的形心、静矩、惯性矩、极惯性矩和平行移轴公式的应用。了解转轴公式。掌握平面图形的形心主惯性轴、形心主惯性平面和形心主惯性矩的概念。

8. 弯曲。

（1）掌握纯弯曲、平面弯曲、对称弯曲和横力弯曲的概念。掌握弯曲正应力和切应力的计算。能熟练地进行弯曲强度计算。了解提高梁弯曲强度的措施。

（2）掌握梁的挠曲线近似微分方程和积分法。掌握叠加法求梁的挠度和转角。能熟练地进行刚度计算。了解提高梁弯曲刚度的措施。掌握一次超静定梁的求解。了解弯曲应变能的计算。

9. 应力状态与强度理论。

（1）理解应力状态的概念。掌握平面应力状态下应力分析的解析法及图解法。了解三向应力状态的概念。掌握主应力、主平面和最大切应力的计算。

（2）掌握广义胡克定律。了解体积应变、三向应力状态下的应变能密度。体积改变能密度和畸变能密度的概念。

（3）理解强度理论的概念。掌握四种常用强度理论及其应用。了解莫尔强度理论。

10. 组合变形。理解组合变形的概念。掌握杆件的斜弯曲、拉伸（压缩）和弯曲、扭转与弯曲组合变形的应力与强度计算。

11. 能量法。理解各种变形的应变能计算。掌握莫尔定理或卡氏第二定理的应用。

12. 压杆稳定。掌握压杆稳定性的概念、细长压杆的欧拉公式及其适用范围。掌握不同柔度压杆的临界应力和安全因数法的稳定性计算。了解提高压杆稳定性的措施。

13. 材料力学实验分析。理解低碳钢和铸铁材料的拉伸、压缩和扭转实验方法。掌握材料拉伸、压缩、扭转的力学性能。

（二）专题部分

1. 薄壁截面直杆的自由扭转。掌握开口和闭口薄壁截面直杆自由扭转的概念。了解开口和闭口薄壁截面直杆自由扭转时的应力和变形计算。

2. 弯曲问题的进一步研究。

（1）理解梁非对称纯弯曲的概念。掌握非对称纯弯曲梁的正应力计算方法。

（2）掌握开口薄壁截面梁的切应力计算方法。了解开口薄壁截面弯曲中心的概念和一些工程中常用截面弯曲中心位置。

（3）掌握异质材料组合梁在对称弯曲时横截面上的正应力分析。

（4）掌握截面核心的概念和确定方法。

3. 能量法的进一步研究。

（1）理解虚功原理、互等定理。掌握单位载荷法和图乘法。

（2）理解对称和反对称性概念。掌握力法及其正则方程求解超静定问题。

4. 压杆稳定问题的进一步研究。理解弹性支承和阶梯状细长压杆临界力的欧拉公式及工程应用。掌握折减系数法。了解纵横弯曲的概念和基本解法。

5. 动载荷和疲劳。

（1）掌握构件作等加速直线运动或匀速转动时的动应力计算。

（2）掌握受冲击载荷作用时的动应力计算。

（3）了解交变应力下材料疲劳破坏的概念和疲劳极限的确定方法。

（4）了解影响构件疲劳极限的主要因素、疲劳强度的计算和提高构件疲劳强度的措施。

6. 应变分析与实验应力分析基础。

（1）掌握平面应变状态下的应变分析理论和应用。

（2）了解应变的测量与应力的计算方法和相关的工程测试技术。

五、能力培养的要求

结合本课程的特点，使学生在以下能力方面得到培养：

1. 建模能力：建立工程构件力学模型的能力，能够根据具体问题选择合理的计算模型。

2. 计算能力：具有对杆件的强度、刚度和稳定性问题的计算能力。

3. 实验分析能力：具有基于材料力学实验现象进行分析总结的能力。

4. 自学能力：具有借助教材与资料自主学习相关知识的初步能力。

六、价值观与课程思政

1. 凡有利于党的初心和使命（为中国人民谋幸福、为中华民族谋复兴）的均属于课程思政。目标包括“方向正确”和“有效率”。价值观侧重“方向正确”，“有效率”侧重“知识和能力”；课程思政是“方向正确”和“有效率”均要有保证。

2. 课程教学中将把马克思主义立场观点方法的教育与科学精神的培养结合起来，提高学生正确认识问题、分析问题和解决问题的能力。注重强化学生工程伦理教育，培养学生精益求精的大国工匠精神，激发学生科技报国的家国情怀和使命担当，包括科学精神、工匠精神、专业情怀、深度思维能力、力学之美、力学之用等。

3. 针对农林院校的特殊性，强化具有农林特色的课程思政。

4. 挖掘中华民族的农林力学史优秀传统文化要素，并融入教材。

工程力学

一、课程的性质和任务

工程力学课程是大学很多工科专业重要的基础课，主要包括“静力学”和“材料力学”两部分，“静力学”研究物体的受力和平衡规律，“材料力学”研究物体在外力作用下的变形和失效现象。工程力学是一门充满辩证唯物主义哲学观点的课程。发掘这些哲学观点并融溶于课程内容的教学过程中，不仅有助于学生深入理解力学概念和原理，引导学生辩证地思维，而且有利于促进学生辩证唯物主义世界观的形成。将专业知识和思想教育有机融合，最大限度地发挥力学课程的育人功能，不仅可以提高课程的教学质量，而且还能为落实学校的人才培养目标发挥积极的作用。

二、课程基本概况

1. 授课对象：农业工程、林业工程；兼顾机械工程、土木工程、能源与动力工程、环境工程等。

2. 讲课学时：64 学时（静力学 20 学时，材料力学 44 学时）。

3. 先修课程：高等数学、大学物理、矢量分析。

三、课程内容与学时配置

课程内容与学时配置

课程模块	教学内容与教学要求	学时	备注
第一章：静力学公理和物体的受力分析	1. 了解静力学基本概念与公理、约束和约束力。 2. 掌握物体受力分析和受力图画法	4	1. 力学史与科学精神。 2. 国计民生中的力学难题

续表

课程模块	教学内容与教学要求	学时	备注
第二章：平面力系	1. 掌握平面汇交力系、平面力偶系、平面力系向任一点的简化。 2. 掌握平衡条件和平衡方程及其应用。了解静定和静不定的概念。 3. 掌握物体系的平衡问题、平面静定桁架内力分析	9	1.《天鹅、大虾和梭鱼》的合力。 2. 超静定：留有余地，打出富余
第三章：空间力系	1. 掌握空间汇交力系的求解。 2. 了解力的矩的概念。 3. 掌握空间力偶、空间力系的平衡方程及其应用	5	1. 中国古代空间建筑。 2. 敧器与重心：满招损谦受益
第四章：摩擦	1. 掌握摩擦角和自锁的概念。 2. 会求解含摩擦的平衡问题	2	1. 古代利用和减少摩擦的农具。 2. 从滚动摩擦到高铁车轮。 3. 自锁——人生启示
第五章：绪论	1. 材料力学的任务，强度、刚度、稳定性的概念。 2. 可变形固体及其基本假设。 3. 外力和内力、截面法、全应力、正应力、切应力。 4. 线应变与切应变。 5. 杆件变形的基本形式	2	1. 力学史与科学精神。 2. 农耕文明的力学贡献
第六章：拉伸、压缩与剪切	1. 拉伸与压缩、轴力、横截面应力、斜截面应力、应力集中的概念、圣维南原理、强度条件与计算。 2. 材料在拉伸与压缩时的力学性质和参数。 3. 拉压杆件的变形、抗拉刚度、简单桁架的节点位移、拉压静不定问题的求解方法。 4. 剪切、挤压的概念和工程连接问题的实用计算方法	8	1. 古代榫卯结构。 2. 引入我国科学家在材料科学领域取得的成就。 3. 农业装备例题和习题
第七章：扭转	1. 扭转概念，扭矩和扭矩图，圆轴扭转横截面切应力，扭转强度条件，圆轴扭转变形，E、G、μ 关系。 2. 扭转刚度条件，简单扭转静不定问题。 3. 薄壁杆扭转	5	1. 农耕文明的力学贡献。 2. 国计民生中的扭转难题
第八章：弯曲内力	1. 弯曲问题描述，剪力和弯矩，剪力、弯矩方程，剪力、弯矩图。 2. 弯矩、剪力、载荷集度间的微分关系，利用微分关系绘制剪力、弯矩图。 3. 平面刚架的剪力、弯矩图	4	1. 桥梁例题：钱塘江大桥的建造—炸毁—再建造的历史。 2. 强调安全意识的重要性

续表

课程模块	教学内容与教学要求	学时	备注
第九章：弯曲应力	1. 截面几何量：平面组合图形的静矩和形心、惯性矩、平行移轴公式。 2. 平面弯曲、对称弯曲、纯弯曲、弯曲正应力、弯矩曲率关系、抗弯截面系数。 3. 弯曲切应力公式及分布、弯曲强度条件。 4. 梁的合理强度设计及提高弯曲强度的措施	6	1. 典型机构发明史，促进工匠精神。 2.《营造法式》中的最优化设计
第十章：弯曲变形	1. 挠曲线、挠度和转角、小变形挠曲线微分方程、边界条件和连续条件，积分法求挠度和转角。 2. 叠加法求挠度和转角，梁的刚度条件与合理刚度设计。 3. 简单静不定梁的解法，弯曲问题的综合应用	5	1. 画变形图的几种方法：具体问题具体分析。 2. 农业装备例题和习题
第十一章：应力和应变分析强度理论	1.应力状态的概念，主应力和主平面，二向应力解析法和图解法。 2. 简单三向应力状态，广义胡克定律及其在工程上的应用。 3. 四个常用强度理论及其适用范围	6	1. 把自己放在合适的位置。 2. 强度理论发现史的科学精神
第十二章：组合变形	1. 组合变形问题与叠加法，单向应力问题(斜弯曲，拉弯组合，偏心压缩)。 2. 二向应力问题（弯扭组合、压力容器），强度问题的综合应用	4	1. 从简单到复杂的科学积累：打好基础，一步一个脚印。 2. 农业装备例题和习题
第十三章：压杆稳定	1. 压杆稳定与临界载荷、两端铰支细长压杆临界力的欧拉公式、杆端约束的影响、长度系数。 2. 欧拉公式的适用范围、柔度、临界应力总图、经验公式、压杆的稳定校核	4	1. 欧拉公式的适用范围：复杂问题的分析方法。 2. 强调安全意识的重要性

四、教学内容与要求

1. 静力学。

2. 理解材料力学的任务、变形固体的基本假设和基本变形的特征。掌握正应力和切应力、正应变和切应变的概念。

3. 掌握截面法。能熟练地运用截面法求解杆件（一维构件）各种变形的内力（轴力、扭矩、剪力和弯矩）及内力方程。掌握弯曲时的载荷集度、剪力和弯矩的微分关系及应用。能熟练地绘制内力图。

4. 轴向拉伸与压缩。

（1）掌握直杆在轴向拉伸与压缩时横截面、斜截面上的应力计算。了解安全因数及许用应力的确定。能熟练地进行强度校核、截面设计和许用载荷的计算。

（2）掌握胡克定律。了解泊松比。掌握直杆在轴向拉伸与压缩时的变形和应变计算。

（3）掌握求解拉压杆件一次超静定问题的方法。

（4）了解应力集中概念和圣维南原理。

5. 剪切与挤压。掌握剪切和挤压（工程）实用计算。

6. 扭转。

（1）掌握扭转时外力偶矩的换算。掌握薄壁圆筒扭转时的切应力计算，掌握切应力互等定理和剪切胡克定律。

（2）掌握圆轴扭转时的应力与变形计算。能熟练地进行扭转的强度和刚度计算。

7. 截面的几何性质。掌握平面图形的形心、静矩、惯性矩、极惯性矩和平行移轴公式的应用。

8. 弯曲。

（1）掌握梁弯曲剪力、弯矩方程的求法。掌握剪力、弯矩图的画法。

（2）掌握纯弯曲、平面弯曲、对称弯曲和横力弯曲的概念。了解弯曲切应力的概念。掌握弯曲正应力和切应力的计算。掌握强度计算。了解提高梁弯曲强度的措施。

（3）掌握梁的挠度和转角的计算方法及刚度分析。了解提高梁弯曲刚度的措施。

9. 应力状态和强度理论。

（1）理解应力状态的概念。掌握平面应力状态下应力分析方法。了解三向应力状态的概念。掌握主应力、主平面和最大切应力计算。

（2）掌握广义胡克定律。

（3）理解强度理论的概念。掌握四种常用强度理论及其应用。

10. 组合变形。理解组合变形的概念。掌握杆件的拉伸（压缩）和弯曲、扭转与弯曲组合变形的应力与强度计算。

11. 压杆稳定。掌握压杆稳定性的概念、细长压杆的欧拉公式及其适用范围。掌握不同柔度压杆的临界应力和安全因数法的稳定性计算。了解提高压杆稳定性的措施。

12. 材料力学试验。

（1）理解低碳钢和铸铁材料的拉伸、压缩和扭转实验方法。掌握材料拉伸、压缩、扭转的力学性能。

（2）掌握弯曲正应力的测定方法。

五、能力培养的要求

结合本课程的特点，使学生在以下能力方面得到培养：

1. 建模能力：具有将简单实际问题抽象成为质点质点系、刚体或刚体系力学模型的能力，并具有根据力学基本原理建立相应数学模型的能力。

2. 计算能力：具有对杆件的强度、刚度和稳定性问题的计算能力。

3. 实验能力：具有利用材料力学实验方法进行初步测试的能力。

4. 自学能力：具有借助教材与资料自主学习相关知识的初步能力。

六、价值观与课程思政

1. 凡有利于党的初心和使命（为中国人民谋幸福、为中华民族谋复兴）的均属于课程思政。目标包括“方向正确”和“有效率”。价值观侧重“方向正确”，“有效率”侧重“知识和能力”；课程思政是“方向正确”和“有效率”均要保证。

2. 课程教学中将把马克思主义立场观点方法的教育与科学精神的培养结

合起来，提高学生正确认识问题、分析问题和解决问题的能力。注重强化学生工程伦理教育，培养学生精益求精的大国工匠精神，激发学生科技报国的家国情怀和使命担当，包括科学精神、工匠精神、专业情怀、深度思维能力、力学之美、力学之用等。

3. 针对农林院校的特殊性，强化具有农林特色的课程思政。

4. 挖掘中华民族的农林力学史优秀传统文化要素，并融入教材。

基础力学实验

一、课程的性质和任务

基础力学实验是普通高等农林院校工科专业的一门重要的实践教学课程，它包括材料力学实验和理论力学实验。其目标是培养学生利用材料力学、理论力学实验方法和技术进行相关测试的初步能力。通过这门课程的系统学习和训练，培养学生的创新思维及动手实践能力，加深学生对材料力学和理论力学有关重要结论和概念的理解和掌握，初步培养和训练学生运用基础力学理论解决实际工程问题的能力。通过学习本课程，学生可以理解低碳钢和铸铁材料的拉伸、压缩和扭转实验方法，掌握材料拉伸、压缩、扭转的力学性质；理解电阻应变测试技术的基本原理；掌握弯曲正应力和组合变形时的主应力的测定方法；掌握应变的测量与应力的计算方法和相关的工程测量技术。

二、课程基本概况

1. 授课对象：农业工程、林业工程、农业水利工程、农业建筑环境与能源工程、机械工程、车辆工程、能源与动力工程、土木工程、水利水电工程、环境工程、农业智能装备工程等。

2. 讲课学时：16 学时。

3. 先修课程：理论力学。

三、课程内容与学时配置

课程内容与学时配置

课程模块	教学内容与教学要求	学时数	备注
材料的力学性质（理论课）	1. 学习材料力学性质及其实验方法。 2. 学习实验误差分析方法	1	农业机械中的常见构件失效、破坏问题及原因分析
金属材料拉伸实验	1. 测量低碳钢拉伸曲线、弹性模量 E（引伸计）、屈服极限 σ_s、强度极限 σ_b、伸长量 δ 和截面收缩率 ψ。 2. 测量铸铁拉伸曲线和强度极限 σ_b	1	结合农林特色穿插其他材料（竹、木、农作物、食品包装等）力学性能测试案例
金属材料压缩实验	1. 测量低碳钢压缩曲线和屈服极限 σ_s。 2. 测量铸铁压缩曲线和强度极限 σ_b	1	农业机械及建筑中的受压构件（如各类柱）
金属材料扭转实验	1. 测量低碳钢扭转曲线和剪切屈服极限 τ_s、剪切强度极限 τ_b。 2. 测量铸铁扭转曲线和剪切强度极限 τ_b	1	拖拉机等农业机械中的受扭构件(如传动轴等）
电测法原理（理论课）	1. 电测法基本原理和应用。 2. 练习串联桥臂和温度补偿	2	结合应变片的工作原理，讲授各类传感器在农业生产中的应用
弹性模量 E、泊松比 μ 的测量	1. 半桥、全桥测量纵向、横向应变。 2. 计算铝合金弹性模量 E、泊松比 μ	1	木材、竹材的相关力学参数测试方法
剪切弹性模量 G 的测量	1. 学习纯剪切应力状态应变测量方法。 2. 全桥测量正负 45° 应变。 3. 计算铝合金剪切模量 G	1	农业机械中的纯扭转构件
梁的弯曲正应力测量	1. 练习 1/4 桥和多点测量。 2. 测量 3 点弯曲梁截面纵向应变分布	1	农业机械中的受弯构件
主应力测量	1. 练习 1/4 桥和多点测量。 2. 应变花测量 0°、-45°、90° 应变。 3. 计算主方向、主应力	1	明确主应力、主方向在分析农机设备破坏中的重要意义
偏心拉伸实验	1. 考核接桥方法分离轴力 F_N、弯矩 M。 2. 测量弹性模量 E。 3. 测量偏心距 e	2	力偏心造成的构件失效问题
梁振动测量	1. 学习机械振动测量原理。 2. 测量简支梁激励振动。 3. 测量简支梁有阻尼激励振动	4	农业机械中的振动问题及振动控制的意义

四、教学内容与要求

1. 理解低碳钢和铸铁材料的拉伸、压缩和扭转实验方法，以及相应的国家标准。掌握材料拉伸、压缩、扭转的力学性能。掌握使用相应的试验机、引伸计和实验方案编制方法。学会典型材料的弹性模量、屈服极限、断裂极限、延伸率和断口收缩率等力学性质参数的测量方法，并能够根据实验曲线对材料的拉伸、压缩和扭转力学行为进行解释。

2. 理解电阻应变测试技术的基本原理。理解应变片和电桥式测量电路工作原理和温度补偿原理。掌握串联桥臂、并联桥臂、1/4 桥、半桥和全桥等测量电路的原理、设计和使用方法。学会典型应变仪的使用方法。了解电测法的实验误差分析方法及应变仪的工作原理。

（1）掌握用电测法测量金属材料的弹性模量 E 和泊松比 μ 的原理和方法。掌握利用串联半桥、全桥测量纵向、横向应变的方法，以及温度补偿方法。熟悉应变仪的使用。

（2）掌握用电测法测量金属材料的剪切模量 G 的原理和方法。掌握纯剪切应力状态应变的测量方法。

（3）掌握用电测法测量梁弯曲应力的方法。理解多点测量的工作原理。掌握 1/4 桥的接桥方法。了解实验误差分析方法。

（4）掌握用电测法测量主应力、主方向的原理和方法。熟悉利用应变花测量应变的方法。掌握 1/4 桥的接桥方法。

（5）掌握用电测法测量组合变形中某内力分量的原理和方法。

3. 学习机械振动测量原理。了解教学梁振动试验台和测振仪工作原理。学会使用上述仪器、设备测量简支梁的激励、阻尼与相应的关系。

五、能力培养的要求

结合本课程的特点，使学生在以下能力方面得到培养：

1. 实验能力：具有利用材料力学实验方法和技术进行相关测试的初步能力。

2. 分析能力：具有基于实验目的进行初步力学分析并选择合理实验方法的能力，具有结合基础力学理论对实验现象、结果进行分析、解释的能力。

3. 自学能力：具有借助教材与资料自主学习相关知识的初步能力。

六、价值观与课程思政

1. 凡有利于党的初心和使命（为中国人民谋幸福、为中华民族谋复兴）的均属于课程思政。目标包括“方向正确”和“有效率”。价值观侧重“方向正确”，“有效率”侧重“知识和能力”；课程思政是“方向正确”和“有效率”均要有保证。

2. 课程教学中将把马克思主义立场观点方法的教育与科学精神的培养结合起来，提高学生正确认识问题、分析问题和解决问题的能力。注重强化学生工程伦理教育，培养学生精益求精的大国工匠精神，激发学生科技报国的家国情怀和使命担当，包括科学精神、工匠精神、专业情怀、深度思维能力、力学之美、力学之用等。

3. 针对农林院校的特殊性，强化具有农林特色的课程思政。

4. 挖掘中华民族的农林力学史优秀传统文化要素，并融入教材。